青少年人工智能编程 启蒙丛书

图形化趣味编程

张雅凤 胡佐珍 刘晓蕾 主 编

吴怀丹 饶文阳 何 杨 龚运新 副主编

清华大学出版社

北京

内 容 简 介

本书使用 Mind+ 图形化编程软件，在上册的基础上，选择更加复杂和有趣的项目。本书采用项目式教学体系编写，全书安排 14 个项目，这些项目在难度上是递进的，编程积木块越来越多，程序越来越有趣，从而进一步提高读者的兴趣和解决问题的综合能力。

本书内容科学、专业，可作为中小学"人工智能"课程入门教材，第三方进校园、学校课后服务（托管服务）课程、科创课程教材，校外培训机构和社团机构相关专业教材，自学教材，还可作为家长辅导孩子的指导书。

图书在版编目（CIP）数据

图形化趣味编程 . 下 / 张雅凤 , 胡佐珍 , 刘晓蕾主
编 ; 吴怀丹等副主编 . -- 北京 : 清华大学出版社 ,
2024. 8. -- （青少年人工智能编程启蒙丛书）.
ISBN 978-7-302-67073-5

Ⅰ . TP311.1-49
中国国家版本馆 CIP 数据核字第 20240WH651 号

责任编辑： 袁勤勇　杨　枫
封面设计： 刘　键
责任校对： 郝美丽
责任印制： 宋　林

出版发行： 清华大学出版社
　　　　　　网　　址： https://www.tup.com.cn，https://www.wqxuetang.com
　　　　　　地　　址： 北京清华大学学研大厦 A 座　　　　　　**邮　编：** 100084
　　　　　　社 总 机： 010-83470000　　　　　　　　　　　　　**邮　购：** 010-62786544
　　　　　　投稿与读者服务： 010-62776969, c-service@tup.tsinghua.edu.cn
　　　　　　质量反馈： 010-62772015, zhiliang@tup.tsinghua.edu.cn
　　　　　　课件下载： https://www.tup.com.cn,010-83470236
印 装 者： 三河市铭诚印务有限公司
经　　销： 全国新华书店
开　　本： 185mm×260mm　　　　　**印　张：** 9.5　　　　　**字　数：** 140 千字
版　　次： 2024 年 9 月第 1 版　　　　　　　　　　　　**印　次：** 2024 年 9 月第 1 次印刷
定　　价： 39.00 元

产品编号：102977-01

丛书顾问委员会名单

顾问委员会寄语

新时代赋予新使命，人工智能正在从机器学习、深度学习快速迈入大模型通用智能（AGI）时代，新一代认知人工智能赋能千行百业转型升级，对促进人类生产力创新可持续发展具有重大意义。

创新的源泉是发现和填补生产力体系中的某种稀缺性，而创新本身是21世纪人类最为稀缺的资源。若能以战略科学设计驱动文化艺术创意体系化植入科学技术工程领域，赋能产业科技创新升级高质量发展甚至撬动人类产业革命，则中国科技与产业领军世界指日可待，人类文明可持续发展才有希望。

国家要发展，主要内驱力来自精神信念与民族凝聚力！从人工智能的视角看，国家就像是由14亿台神经计算机组成的机群，信仰是神经计算机的操作系统，精神是神经计算机的应用软件，民族凝聚力是神经计算机网络执行国际大事的全维度能力。

战略科学设计如何回答钱学森之问？从关键角度简要解读如下。

（1）设计变革：从设计技术走向设计产业化战略。

（2）产业变革：从传统产业走向科创上市产业链。

（3）科技变革：从固化学术研究走向院士创新链。

（4）教育变革：从应试型走向大成智慧教育实践。

（5）艺术变革：从细分技艺走向各领域尖端哲科。

（6）文化变革：从传承创新走向人类文明共同体。

（7）全球变革：从存量博弈走向智慧创新宇宙观。

宇宙维度多重，人类只知一角，是非对错皆为幻象。常规认知与高维认知截然不同，从宇宙高度考虑问题相对比较客观。前人理论也可颠覆，毕竟宇宙之大，人类还不足以窥见万一。

探索创新精神，打造战略意志；

成功核心，在于坚韧不拔信念；

信念一旦确定，百慧自然而生。

丛书顾问委员会由俄罗斯自然科学院院士、武汉理工大学教授郑刚强，清华大学博士陈桂生，湖南省教育督导评估专家谢平升，麻城市博达学校校长李理，中国科学院自动化研究所研究员汤淑明，武汉人工智能研究院研究员、院长王金桥，武汉大学计算机学院智能化研究所教授马于涛，麻城市博达学校董事长李尧东，无锡科技职业学院教授龚运新，黄冈市黄梅县教育局周时佐，麻城市博达学校董事李知，黄冈市黄梅县实验小学向俊雅、郭翠琴，黄冈市黄梅县八角亭中学洪小娟等组成。

丛书序

　　人工智能教育已经开展了十几年。这十几年来，市场上不乏一些好教材，但是很难找到一套适合的、系统化的教材。学习一下图形化编程，操作一下机器人、无人机和无人车，这些零散的、碎片化的知识对于想系统学习的读者来说很难，入门较慢，也培养不出专业人才。近些年，国家已制定相关文件推动和规范人工智能编程教育的发展，并将编程教育纳入中小学相关课程。

　　鉴于以上事实，编委会组织专家团队，集合多年在教学一线的教师编写了这套教材，并进行了多年教学实践，探索了教师培训和选拔机制，经过多次教学研讨，反复修改，反复总结提高，现将付梓出版发行。

　　人工智能知识体系包括软件、硬件和理论，中小学只能学习基本的硬件和软件。硬件主要包括机械和电子，软件划分为编程语言、系统软件、应用软件和中间件。在初级阶段主要学习编程软件和应用软件，再用编程软件控制简单硬件做一些简单动作，这样选取的机械设计、电子控制系统硬件设计和软件 3 部分内容就组成了人工智能教育阶段的入门知识体系。

　　本丛书在初级阶段首先用电子积木和机械积木作为实验设备，选择典型、常用的电子元器件和机械零部件，先了解认识，再组成简单、有趣的应用产品或艺术品；接着用 CAD（计算机辅助设计）软件制作出这些产品的原理图或机械图，将玩积木上升为技术设计和学习 CAD 软件。这样将玩积木和学知识有机融合，可保证知识的无缝衔接，平稳过渡，通过几年的教学实践，取得了较好效果。

　　中级阶段学习图形化编程，也称为 2D 编程。本书挑选生活中适合中小学生年龄段的内容，做到有趣、科学，在编写程序并调试成功的过程中，发展思维、提高能力。在每个项目中均融入相关学科知识，体现了专业性、严谨性。特别是图形化编程适合未来无代码或少代码的编程趋势，满足大众学习编程的需求。

图形化编程延续玩积木的思路，将指令做成积木块形式，编程时像玩积木一样将指令拼装好，一个程序就编写成功，运行后看看结果是否正确，不正确再修改，直到正确为止。从这里可以看出图形化编程不像语言编程那样有完善的软件开发系统，该系统负责程序的输入，运行，指令错误检查，调试（全速、单步、断点运行）。尽管软件不太完善，但对于初学者而言还是一种有趣的软件，可作为学习编程语言的一种过渡。

在图形化编程入门的基础上，进一步学习三维编程，在维度上提高一维，难度进一步加大，三维动画更加有趣，更有吸引力。本丛书注重编写程序全过程能力培养，从编程思路、程序编写、程序运行、程序调试几方面入手，以提高读者独立编写、调试程序的能力，培养读者的自学能力。

在图形化编程完全掌握的基础上，学习用图形化编程控制硬件，这是软件和硬件的结合，难度进一步加大。《图形化编程控制技术（上）》主要介绍单元控制电路，如控制电路设计、制作等技术。《图形化编程控制技术（下）》介绍用 Mind+ 图形化编程控制一些常用的、有趣的智能产品。一个智能产品要经历机械设计、机械 CAD 制图、机械组装制造、电气电路设计、电路电子 CAD 绘制、电路元器件组装调试、Mind+ 编程及调试等过程，这两本书按照这一产品制造过程编写，让读者知道这些工业产品制造的全部知识，弥补市面上教材的不足，尽可能让读者经历现代职业、工业制造方面的训练，从而培养智能化、工业社会所需的高素质人才。

高级阶段学习 Python 编程软件，这是一款应用较广的编程软件。这一阶段正式进入编程语言的学习，难度进一步加大。编写时尽量讲解编程方法、基本知识、基本技能。这一阶段是在《图形化编程控制技术（上）》的基础上学习 Python 控制硬件，硬件基本没变，只是改用 Python 语言编写程序，更高阶段可以进一步学习 Python、C、C++ 等语言，硬件方面可以学习单片机、3D 打印机、机器人、无人机等。

本丛书按核心知识、核心素养来安排课程，由简单到复杂，体现知识的递进性，形成层次分明、循序渐进、逻辑严谨的知识体系。在内容选择上，尽量以趣味性为主、科学性为辅，知识技能交替进行，内容丰富多彩，采用各种方法激活学生兴趣，尽可能展现未来科技，为读者打开通向未来的一扇窗。

我国是制造业大国，与之相适应的教育体系仍在完善。在义务教育阶段，职业和工业体系的相关内容涉及较少，工业产品的发明创造、工程知识、工匠精神等方面知识较欠缺，只能逐步将这些内容渗透到入门教学的各环节，从青少年抓起。

丛书编写时，坚持"五育并举，学科融合"这一教育方针，并贯彻到教与学的每个环节中。本丛书采用项目式体例编写，用一个个任务将相关知识有机联系起来。例如，编程显示语文课中的诗词、文章，展现语文课中的情景，与语文课程紧密相连，编程进行数学计算，进行数学相关知识学习。此外，还可以编程进行英语方面的知识学习，创建多学科融合、共同提高、全面发展的教材编写模式，探索多学科融合，共同提高，达到考试分数高、综合素质高的教育目标。

五育是德、智、体、美、劳。将这五育贯穿在教与学的每个过程中，在每个项目中学习新知识进行智育培养的同时，进行其他四育培养。每个项目安排的讨论和展示环节，引导读者团结协作、认真做事、遵守规章，这是教学过程中的德育培养。提高读者语文的写作和表达能力，要求编程界面美观，书写工整，这是美育培养。加大任务量并要求快速完成，做事吃苦耐劳，这是在实践中同时进行的劳育与体育培养。

本丛书特别注重思维能力的培养，知识的扩展和知识图谱的建立。为打破学科之间的界限，本丛书力图进行学科融合，在每个项目中全面介绍项目相关的知识，丰富学生的知识广度，加深读者的知识深度，训练读者的多向思维，从而形成解决问题的多种思路、多种方法、多种技能，培养读者的综合能力。

本丛书将学科方法、思想、哲学贯穿到教与学的每个环节中。在编写时将学科思想、学科方法、学科哲学在各项目中体现。每个学科要掌握的方法和思想很多，具体问题要具体分析。例如编写程序，编写时选用面向过程还是面向对象的方法编写程序，就是编程思想；程序编写完成后，编译程序、运行程序、观察结果、调试程序，这些是方法；指令是怎么发明的，指令在计算机中是怎么运行的，指令如何执行……这些问题里蕴含了哲学思想。以上内容在书中都有涉及。

本丛书特别注重读者工程方法的学习，工程方法一般包括 6 个基本步骤，分别是想法、概念、计划、设计、开发和发布。在每个项目中，对这 6 个步骤有些删减，可按照想法（做个什么项目）、计划（怎么做）、开发（实际操作）、展示（发布）这 4 步进行编写，让学生知道这些方法，从而培养做事的基本方法，养成严谨、科学、符合逻辑的思维方法。

教育是一个系统工程，包括社会、学校、家庭各方面。教学过程建议培训家长，指导家庭购买计算机，安装好学习软件，在家中进一步学习。对于优秀学生，建议继续进入专业培训班或机构加强学习，为参加信息奥赛及各种竞赛奠定基础。这样，社会、学校、家庭就组成了一个完整的编程教育体系，读者在家庭自由创新学习，在学校接受正规的编程教育，在专业培训班或机构进行系统的专业训练，环环相扣，循序渐进，为国家培养更多优秀人才。国家正在推动"人工智能""编程""劳动""科普""科创"等课程逐步走进校园，本丛书编委会正是抓住这一契机，全力推进这些课程进校园，为建设国家完善的教育生态系统而努力。

本丛书特别为人工智能编程走进学校、走进家庭而写，为系统化、专业化培养人工智能人才而作，旨在从小唤醒读者的意识、激活编程兴趣，为读者打开窥探未来技术的大门。本丛书适用于父母对幼儿进行编程启蒙教育，可作为中小学生"人工智能"编程教材、培训机构教材，也可作为社会人员编程培训的教材，还适合对图形化编程有兴趣的自学人员使用。读者可以改变现有游戏规则，按自己的兴趣编写游戏，变被动游戏为主动游戏，趣味性较高。

"编程"课程走进中小学课堂是一次新的尝试，尽管进行了多年的教学实践和多次教材研讨，但限于编者水平，书中不足之处在所难免，敬请读者批评指正。

丛书顾问委员会

2024 年 5 月

前言

  本书继续使用 Mind+ 图形化编程软件，也就是二维编程软件进行项目操作。所谓二维指的是只有代表宽度的 x 轴和代表高度的 y 轴，所有内容都是平面的，没有立体感，只在平面上展示图形或图像，如传统的卡通动画、视频游戏或平面广告等。

  本书采用项目式编写体例，全书安排 14 个项目，难度逐渐增加，编程积木块越来越多，程序越来越长，可进一步提高读者解决问题的综合能力。在编程过程中尽量注重细节描写、编程思维的培养，逐步提高读者的编程能力。

  对中小学生而言，编程教育不仅学习编程知识和技能，还是提升综合素质的重要载体。因此，本书在每一个项目中都安排拓展阅读，内容与该项目相关，并重视与其他学科的关联，尽量做到学科融合。

  本书每一个项目的最后都安排了总结与评价，并当作任务来完成。编者认为，合作与交流是非常重要的学习过程和方法，可培养读者的合作意识和团队精神，在学习中培养综合素质，尽量做到"五育并举"。

  本书由黄冈市超翼教育科技有限责任公司张雅凤、麻城市博达学校胡佐珍、无锡市翔隆机电科技有限公司刘晓蕾任主编，麻城市博达学校吴怀丹、饶文阳、何杨和无锡科技职业学院龚运新任副主编。

  本书所有项目内容均来自一线教学案例，编写成员都有丰富的编程教学经验。但是，受专业水平的限制，加之时间仓促，不足之处请读者批评指正，我们将不胜感激，再接再厉！

  需要书中配套材料包的读者可发送邮件至 33597123@qq.com 咨询。

编 者

2024 年 4 月

目 录

项目 14　海底世界　　　　　　　　　　　　　　　**1**

任务 14.1　鲨鱼在游泳 ……………………………………………………… 2

任务 14.2　扩展阅读：海洋小百科 …………………………………………… 4

任务 14.3　总结与评价 ……………………………………………………… 6

项目 15　森林里的聚会　　　　　　　　　　　　　　　**8**

任务 15.1　恐龙来了 ………………………………………………………… 9

任务 15.2　飞行的鹦鹉 …………………………………………………… 13

任务 15.3　扩展阅读：遥远的恐龙时代 ………………………………… 17

任务 15.4　总结与评价 …………………………………………………… 19

项目 16　坐标　　　　　　　　　　　　　　　　　　**20**

任务 16.1　大象和苹果 …………………………………………………… 21

任务 16.2　扩展阅读：笛卡儿坐标系 …………………………………… 25

任务 16.3　总结与评价 …………………………………………………… 27

项目 17　自主设计　　　　　　　　　　　　　　　　**28**

任务 17.1　勇敢的小狗 …………………………………………………… 29

任务 17.2　追逐奶酪 ⋯⋯⋯⋯⋯⋯⋯⋯⋯⋯⋯⋯⋯⋯⋯⋯⋯⋯⋯⋯⋯ 32

任务 17.3　扩展阅读：文学作品《谁动了我的奶酪》简介 ⋯⋯⋯⋯ 35

任务 17.4　总结与评价 ⋯⋯⋯⋯⋯⋯⋯⋯⋯⋯⋯⋯⋯⋯⋯⋯⋯⋯⋯⋯ 39

项目 18　童话世界　　40

任务 18.1　小兔进城堡 ⋯⋯⋯⋯⋯⋯⋯⋯⋯⋯⋯⋯⋯⋯⋯⋯⋯⋯⋯⋯ 41

任务 18.2　草莓小兔 ⋯⋯⋯⋯⋯⋯⋯⋯⋯⋯⋯⋯⋯⋯⋯⋯⋯⋯⋯⋯⋯ 45

任务 18.3　扩展阅读：故事《最大最大的城堡》⋯⋯⋯⋯⋯⋯⋯⋯ 49

任务 18.4　总结与评价 ⋯⋯⋯⋯⋯⋯⋯⋯⋯⋯⋯⋯⋯⋯⋯⋯⋯⋯⋯⋯ 50

项目 19　分支结构　　52

任务 19.1　理解分支结构 ⋯⋯⋯⋯⋯⋯⋯⋯⋯⋯⋯⋯⋯⋯⋯⋯⋯⋯⋯ 53

任务 19.2　小猫捉蝴蝶（双分支结构）⋯⋯⋯⋯⋯⋯⋯⋯⋯⋯⋯⋯ 56

任务 19.3　扩展阅读：分支结构的应用 ⋯⋯⋯⋯⋯⋯⋯⋯⋯⋯⋯⋯ 59

任务 19.4　总结与评价 ⋯⋯⋯⋯⋯⋯⋯⋯⋯⋯⋯⋯⋯⋯⋯⋯⋯⋯⋯⋯ 60

项目 20　小小游戏设计师　　62

任务 20.1　小雪人长大了 ⋯⋯⋯⋯⋯⋯⋯⋯⋯⋯⋯⋯⋯⋯⋯⋯⋯⋯⋯ 63

任务 20.2　扩展阅读：网络游戏的是与非 ⋯⋯⋯⋯⋯⋯⋯⋯⋯⋯⋯ 66

任务 20.3　总结与评价 ⋯⋯⋯⋯⋯⋯⋯⋯⋯⋯⋯⋯⋯⋯⋯⋯⋯⋯⋯⋯ 67

项目 21　哨子旅行　　69

任务 21.1　旅行剪影动画 ⋯⋯⋯⋯⋯⋯⋯⋯⋯⋯⋯⋯⋯⋯⋯⋯⋯⋯⋯ 70

任务 21.2　扩展阅读：旅行的意义 ⋯⋯⋯⋯⋯⋯⋯⋯⋯⋯⋯⋯⋯⋯ 74

任务 21.3　总结与评价 ⋯⋯⋯⋯⋯⋯⋯⋯⋯⋯⋯⋯⋯⋯⋯⋯⋯⋯⋯⋯ 76

项目 22　弹弹球　　　　77

任务 22.1　弹球游戏 ……………………………………………… 78

任务 22.2　扩展阅读：坚持的力量 …………………………… 84

任务 22.3　总结与评价 ………………………………………… 86

项目 23　诗词动画　　　　87

任务 23.1　古诗《春晓》的动画 ……………………………… 88

任务 23.2　扩展阅读：朗诵技巧 ……………………………… 93

任务 23.3　总结与评价 ………………………………………… 95

项目 24　做加法　　　　96

任务 24.1　点点做加法 ………………………………………… 97

任务 24.2　三角形的周长 ……………………………………… 101

任务 24.3　扩展阅读：二进制的逻辑运算 …………………… 105

任务 24.4　总结与评价 ………………………………………… 108

项目 25　乘除法　　　　109

任务 25.1　乘法出题器 ………………………………………… 110

任务 25.2　求平均数 …………………………………………… 113

任务 25.3　扩展阅读：平均数真的平均吗 …………………… 116

任务 25.4　总结与评价 ………………………………………… 117

项目 26　计算面积　　　　119

任务 26.1　计算长方形面积 …………………………………… 120

任务 26.2　扩展阅读：编程的方法和技巧 ·············· 123

任务 26.3　总结与评价 ································· 124

项目 27　奇偶数 126

任务 27.1　奇偶数判定器 ····························· 127

任务 27.2　扩展阅读：奇偶数的趣味小故事 ·············· 132

任务 27.3　总结与评价 ································· 133

项目 14　海 底 世 界

　　从太空看，地球是深蓝色的，这是因为地球是太阳系中唯一存在巨大水体的星球，海洋大约占地球表面的 70.8%。从海面到海底，人们对海洋的探索从未停止。海底一片黑暗，借助先进的海底灯光设备，人们才可以看到五彩缤纷、生机勃勃的海底世界，鲨鱼、水母以及各种小鱼游来游去，各种海洋植物随波摇动。

　　本项目学习使用相似的程序控制不同的角色，巩固之前学习过的编程方法和积木，包括复制角色，"移动＊步""下一个造型""将颜色特效增加"等积木。

任务 14.1　鲨鱼在游泳

通过编程控制多个角色，结合视觉特效，呈现海底世界绚丽的一角。当单击"运行"按钮时，运行程序，鲨鱼、水母、小鱼以不同的速度在海底游动，不断变化造型的同时还能变换颜色。

1. 选择背景和角色

根据任务选择适当的背景和角色是编程的第一步。删除默认的机器人角色,在背景库中选择"海底世界 1"作为背景图片,在角色库中选择"鲨鱼""水母""鱼"作为角色。

所有角色默认大小是 100，按之前学过的方法适当调整角色大小，让画面更美观。完成效果参考图 14-1。

图 14-1 "海底"的背景和角色

2. 编写代码

分别为 3 个角色编写代码，让它们动起来。多个角色需要编程控制时，需要逐个为角色编程。想要为哪个角色编程，就在角色列表区选择这个角色的图标。

（1）"鲨鱼"的控制程序。

本任务中先编写"鲨鱼"角色的程序，选中"鲨鱼"角色。

"鲨鱼"在舞台上游来游去，能够变化造型和颜色。回忆项目 2 "企鹅滑行"，"企鹅"在舞台上来回移动并变换造型，积木的排放顺序为▇被点击→（移动 * 步→碰到边缘就反弹→将旋转方式设为→下一个造型→等待），括号内的步骤需要循环执行。拖曳指令至代码区，如图 14-2 所示。

试一试：让"鲨鱼"移动时变换颜色，为图 14-2 中的代码增加颜色特效指令。

（2）复制程序。

"水母"和"小鱼"的移动控制程序和"鲨鱼"是类似的，可能需要修改速度参数。这种情况有两种方法编写程序，可以进入角色重新编写程序，还可以直接复制程序。

将"鲨鱼"的代码复制到"水母"角色中。在"鲨鱼"的程序上右击，拖曳程序至"水母"角色图标上松开即可，如图 14-3 所示。

图 14-2　"鲨鱼"的程序

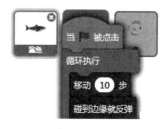

图 14-3　复制程序到"水母"

单击"水母"角色，查看复制结果，现在"水母"和"鲨鱼"是一模一样的控制程序。适当地修改参数，和鲨鱼比起来，水母的移动速度相对较慢，如图 14-4 所示。

按同样的方法完成"小鱼"角色的控制程序，并修改参数，如图 14-5 所示。

 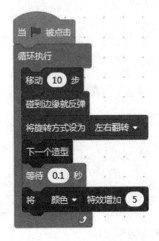

图 14-4 "水母"控制程序　　　　图 14-5 "小鱼"控制程序

单击"运行"按钮，观察运行结果。可以看到，"鲨鱼""水母""小鱼"一起在"海底"游来游去，不仅能变换造型，还能变换颜色，看起来既漂亮又神奇！

 ## 任务 14.2　扩展阅读：海洋小百科

1. 海洋是怎么形成的

广阔的海洋美丽而又壮观，但你是否知道，地球最初形成的时候，并没有河流和海洋，大气层里的水分也很少，即使有一些，也随着其他气体分子蒸发了。

地球上后来的水是与原始大气一起由地球内部产生的。在早期，地壳才固结不久，地球内部全是"岩浆海洋"，火山喷发此起彼伏，带出了大量的水汽直冲九霄，聚集成厚厚的云层。随着地球逐渐变冷，当水蒸气超过其饱和点时，就开始凝结成水滴、冰晶，从而引发了"排山倒海"的狂风暴雨，一"下"就是几百年、几千年。雨水不停地流向低洼处，年复一年，日复一日，原始海洋就这样诞生了。此时的大洋水不仅严重缺氧，而且含有大量的火山喷发酸性物质，如 HCL、HF、CO_2 等，具有较强的溶解能力。根据科学家对化石的研究，大约在 39 亿年前形成了原始海洋。

②. 海底长什么样

海底是地球固体表面的一部分，因此它并非我们想象中那么平坦，也有高低起伏。倘若沧海真的变成了桑田，我们就会发现，海底世界的面貌和我们居住的陆地十分相似，既有雄伟的高山，深邃的海沟与峡谷，也有辽阔的平原。世界大洋的海底像个大水盆，边缘是浅水的大陆架，中间是深海盆地，洋底有高山深谷及深海大平原。根据大量的测量资料，可以知道海底的基本轮廓是这样的：沿岸陆地从海岸向外延伸，是坡度不大、比较平坦的海底，这个地带称为"大陆架"；再向外是相当陡峭的斜坡，急剧向下直到 3000m，这个斜坡叫作"大陆坡"；从大陆坡往下便是广阔的大洋底部了。在整个海洋面积中，大陆架和大陆坡占 20% 左右，大洋底占 80% 左右。大陆架浅海的海底地形起伏一般不大，上面盖着一层厚度不等的泥沙碎石，它们主要是由河流从陆地上搬运来的。

③. 与海洋有关的诗词

汉乐府《长歌行》：百川东到海，何时复西归？

李白《行路难》：乘风破浪会有时，直挂云帆济沧海。

张若虚《春江花月夜》：春江潮水连海平，海上明月共潮生。

曹操《观沧海》：东临碣石，以观沧海。

李梦阳《泰山》：俯首元齐鲁，东瞻海似杯。

王湾《次北固山下》：海日生残夜，江春入旧年。

张九龄《望月怀古》：海上生明月，天涯共此时。

白居易《题海图屏风》：海水无风时，波涛安悠悠。

岑参《白雪歌送武判官归京》：瀚海阑干百丈冰，愁云惨淡万里凝。

李白《将进酒》：君不见黄河之水天上来，奔流到海不复回。

任务 14.3 总结与评价

先分组进行总结，分别说出制作过程及体会，写出书面总结。再互相检查制作结果，集体给每一位同学打分。

1. 任务完成大调查

完成项目后在表 14-1 中打√。

表 14-1 打分表

序号	任务 1	任务 2	任务 3	任务 4
完成情况				
总分				

2. 行为考核指标

行为考核指标，主要采用批评与自我批评、自育与互育相结合的方法。采用自我考核和小组考核后班级评定的方法。班级每周进行一次民主生活会，就行为指标进行评议，考核指标如表 14-2 所示。

表 14-2 德育项目评分

项别	内容	评分	备　注
7S	整理		
	整顿		
	清扫		
	清洁		
	素养		
	安全		
	节约		
学习态度	主动思考		
	乐于动手		
	按时上下课		
	自信		
	不怕困难		

项别	内容	评分	备　注
团队合作	团结		
	互相帮助		
	协商精神		
	积极参与		
	集体荣誉感		

③．集体讨论

在项目制作过程中，遇到了哪些困难和问题？是怎样解决的？

④．思考与练习

海洋中的一些水母和鱼类会发光。为相关角色增加亮度特效，运行程序，观察运行结果。

项目 15　森林里的聚会

　　森林里正在举办动物聚会，以前在这片森林里生活过的动物纷纷前来参加。大象、长颈鹿、猴子、狐狸、小白兔……大大小小、高高低低的动物从各处相约赶来。

　　本项目通过控制两个角色的行走或飞行，学习新的知识和技能。新的积木包括"如果……那么执行"积木和"面向方向"积木。学习使用熟悉的积木为项目增加背景音乐的方法。学习时应注重用不同的方法灵活多变地解决问题，完成任务。

任务 15.1　恐 龙 来 了

吼——轰隆隆，轰隆隆……森林里传出阵阵响声，原来是恐龙家族来了！有长颈龙、霸王龙和翼龙等，它们有的可以快速奔跑，有的会喷火，还有的能倒退着走路。

单击“运行”按钮，运行程序。按下→键，绿色的“喷火龙”就会向右跑并且变换造型，喷出火焰；按下←键，“喷火龙”就会向左倒退着走，并且变换造型，喷出火焰。其他 3 只“恐龙”也在移动并变换造型，但各自速度不同。运行时播放背景音乐，曲目自选。

1. 选择背景和角色

在背景库中选择“丛林”作为背景图片，分别选择“恐龙 1”“恐龙 2”“恐龙 3”“恐龙 4”作为角色。

拖曳角色至适当的位置。根据近大远小的视觉效果，修改角色大小，让角色和背景更为协调，参考图 15-1。

图 15-1　“恐龙来了”舞台

2. 编写代码

每只恐龙都有独特的本领，为了展示这些本领，需要分别编写不同的控制程序。控制时，都是单击"小绿旗"（▥）运行程序。

（1）"喷火龙"的控制。

按照任务要求，"喷火龙"的动作控制分两种情况，用不同的按键控制它向左或向右移动。可以理解为，如果按下某个按键，那么执行接下来的程序。就像使用"如果…那么…"来造句，例如，如果下雨了，那么带雨伞；如果天气好，那么去外面玩。

① "如果…那么执行"积木。控制类积木"如果…那么执行"如图 15-2 所示，类似的积木有 3 块，本任务用到的是方框中的这一块，使用鼠标将其拖曳至编程区。

它的含义是，满足条件时，某些代码才会执行。具体地说，"如果"后面的是条件，积木内部嵌入的是条件满足时要执行的代码。积木中的六边形位置用于放置条件积木，如侦测类或者运算符类的积木。

② "按下 ** 键？"积木。之前学习过事件类积木"当按下 ** 键"，一般用在第一块积木的位置。而侦测类积木"按下 ** 键？"，如图 15-3（a）所示，作为其他积木内部的参数，用于条件判断。这两块积木无论是颜色还是形状都完全不同，用法自然也不一样，是两块完全不同的积木。

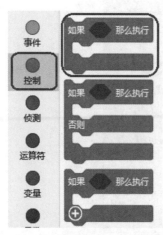

图 15-2 "如果…那么执行"积木

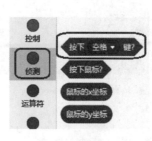

（a）积木位置

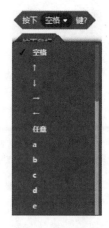

（b）下拉菜单

图 15-3 "按下 ** 键？"积木

积木默认状态设置的是"按下空格键？"，单击积木上的白色小三角，在弹出的列表中可以选择其他项目，如图 15-3（b）所示。

拖曳此积木至编程区，并放置在"如果…那么执行"积木的六边形内，并选择→，如图 15-4 所示。

③ 向右移动代码。先编写"喷火龙"向右移动的代码。当按下键盘上的→时，就执行向右移动并变换造型的代码。拖曳移动积木和"下一个造型"积木至图 15-4 积木的内部，并设置参数，完成后参考图 15-5。

图 15-4　放置条件积木

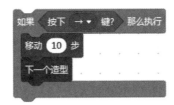

图 15-5　向右移动

④ 向左移动代码。按同样的方法，继续编写向左移动代码，如图 15-6 所示。

⑤ 完整代码。左右移动的动作是循环执行的，所以使用循环结构，当单击"运行"按钮时，移动代码连续循环地执行。增加"循环执行"积木和"当▇被点击"积木，完成后参考图 15-7。

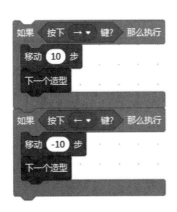

图 15-6　向左移动

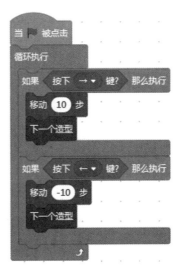

图 15-7　喷火龙完整代码

⑥ 增加声音。欢快的音乐让聚会更美好。按照之前学过的方法选择需

要的声音，使用声音类的播放声音积木。与角色动作同时进行，触发事件也是"当▉被点击"积木，完成后如图 15-8 所示。背景音乐也可以使用其他声音，或多个声音的组合。

单击"运行"按钮，观察运行结果。当按下→键时，"喷火龙"向右移动，还会喷火；当按下←键时，"喷火龙"向左移动，还会喷火。

（2）"长颈龙"的控制。

这是一只"长颈龙"，而不是一只长颈鹿噢！这是一只快乐的"长颈龙"，它在森林里来回奔跑，不知疲倦。

与"鲨鱼游泳"控制相似，编写"长颈龙"移动的代码，这里不再具体叙述。循环执行的积木包括移动、碰到边缘就反弹、旋转方式、等待以及下一个造型，完成后如图 15-9 所示。

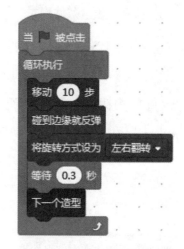

图 15-8　增加播放声音　　　　图 15-9　"长颈龙"移动代码

单击"运行"按钮，观察运行结果。可以看到，"长颈龙"在森林里快乐地来回奔跑，边跑边甩着长长的脖子。

（3）"翼龙"和"霸王龙"的控制。

"翼龙"和"霸王龙"的控制与"长颈龙"是一样的，可以将"长颈龙"的程序复制到"翼龙"和"霸王龙"角色中。移动鼠标至"长颈龙"代码上，按住鼠标左键拖曳代码至"霸王龙"角色图标上，松开鼠标即完成复制，如图 15-10 所示。复制以后，不要忘记修改参数。

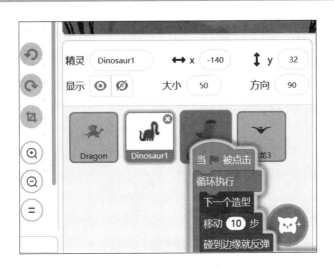

图 15-10　复制程序

用同样的办法复制代码至"翼龙"角色，并修改参数。

3. 调试程序

编写完成 4 只"恐龙"的控制程序，单击"运行"按钮，运行程序，观察运行结果。没有按键盘上的按键时，"喷火龙"没有动作。伴随着音乐的声音，其他 3 只"恐龙"都在舞台上来回移动。

按下键盘对应按键，"喷火龙"才能和其他恐龙伙伴一起移动起来。当按下←键时，"喷火龙"向左倒行，这是什么原因呢？

可按如下方法调试程序。

（1）修改参数。修改程序中的参数，改变恐龙移动速度，试试还能发现什么。

（2）编程挑战。尝试使用→和←按键控制每只恐龙左右移动，同时切换造型。

 任务 15.2　飞行的鹦鹉

鹦鹉也来参加聚会，它精心打扮一番，穿着最漂亮的服装。今天，它还有点儿兴奋，在森林的草地上飞来飞去，一会儿向上，一会儿向下，一会儿向左，一会儿向右。

单击"运行"按钮，如果按下→键，那么就往右边飞；如果按下←键，那么就往左边飞；如果按下↑键，那么就往上飞；如果按下↓键，那么就往下飞。每个动作都需要有造型变化。

本任务除了巩固"如果…那么执行"的结构之外，还将学习使用"面向方向"积木来改变角色的朝向。

① . 选择背景和角色

按任务要求选择背景和角色，并修改角色大小，使其与背景更好融合。本任务使用背景库中的 Forest 图片作为背景，选择角色库中的"鹦鹉"为角色，完成后参考图 15-11。

图 15-11 "飞行的鹦鹉"舞台设置

② . 编写代码

在舞台下方的参数区可以看到，鹦鹉的默认方向是 90°，也就是 x 轴正方向（向右）。在之前的项目中，学习过改变角色方向的方法，即直接修改方向参数。使用"面向方向"积木可以实现角色移动时自动面向移动的方向。

（1）"面向方向"积木。使用"面向方向"积木，可以在不改变参数的情况下，使用指令改变角色的朝向，它属于移动类积木，如图 15-12 所示。单击指令中椭圆形区域，可以修改方向数值，也可以直接拖曳角度盘中的方向箭头设置参数。

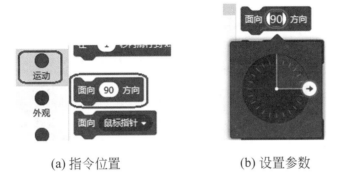

(a) 指令位置　　　　　(b) 设置参数

图 15-12　"面向方向"积木

本任务需要控制"鹦鹉"朝 4 个方向飞行，4 个方向的指令的数值与角色朝向关系如图 15-13 所示。

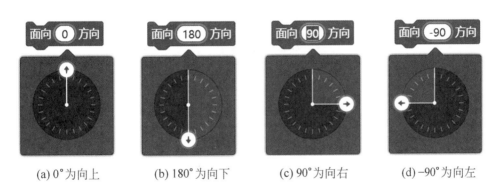

(a) 0°为向上　　　(b) 180°为向下　　　(c) 90°为向右　　　(d) −90°为向左

图 15-13　4 个方向的设置

（2）向右飞行。增加"面向方向"积木需要放在移动积木的前面，先执行"面向方向"积木，再执行移动和造型变换积木。按照任务 15.1 中控制"喷火龙"移动的方法，编写"鹦鹉"向右飞行的程序，如图 15-14 所示。

按照同样的方法编写向另外 3 个方向飞行的代码，并修改"面向方向"积木中的方向参数，如图 15-15 所示。

（3）完整代码。将 4 段飞行控制代码连接起来，让这些代码循环地执行，并使用▉作为启动事件，完成后如图 15-16 所示。

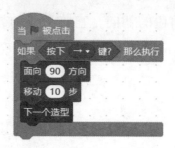

图 15-14　向右飞行的程序

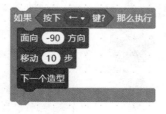

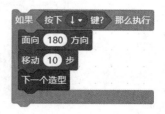

(a) 向左飞行　　　　　　　　　　(b) 向上飞行　　　　　　　　　　(c) 向下飞行

图 15-15　其他方向的飞行控制

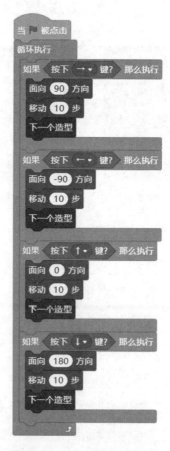

图 15-16　飞行完整代码

3. 程序调试

单击 图标，运行程序，分别按下键盘上的各方向按键，观察运行结果。可以发现，4 个方向按键中不管按下哪个按键，"鹦鹉"都能够面向飞行方向，扇动着翅膀飞行，看起来非常逼真。

正常飞行时都是腹部朝下，如果调试过程中发现鹦鹉腹部朝上飞行，是因为没有将旋转方式设置为"左右翻转"，添加一块"将旋转方式设为"积木即可。

现在，这只鹦鹉可以自由地在森林里飞行，与自己的好朋友快乐相聚了！

任务 15.3　扩展阅读：遥远的恐龙时代

1. 恐龙生活在哪个时代

"恐龙时代"包括 3 个连续的地质时期：三叠纪（2.5 亿年前到 2 亿年前）、侏罗纪（2 亿年前到 1.45 亿年前）和白垩纪（1.45 亿年前到 6600 万年前），如图 15-17 所示。在中生代开始的时候，地球上有一个超级大陆（盘古大陆），许多种类的恐龙分布在这里。盘古大陆后来分裂成南北两块，北部大陆进一步分为北美和欧亚大陆，南部大陆分裂为南美、非洲、澳洲和南极洲等。随着大陆的分裂，恐龙分散在全球不同的大陆上，恐龙群落就这样被时间和地理位置分隔开来。例如，早在霸王龙（白垩纪恐龙）出现以前，剑龙（侏罗纪恐龙）就已经灭绝了大约 8000 万年。它们之间相隔的时间比人类和霸王龙相隔的时间还要长。

2. 恐龙有哪些种类及其特征

恐龙的种类有肉食龙类、虚骨龙次亚目、原蜥脚次亚目、鸟脚亚目、剑龙亚目、角龙亚目等。

（1）肉食龙类。肉食龙类最早是指各种各样大型的兽脚类恐龙，具有巨大的头及巨大的牙齿，不同于体形较小且骨骼轻盈的虚骨龙类。棘龙是目前已知最大的肉食恐龙，体长为 2~20.7m，体重为 4~26t。

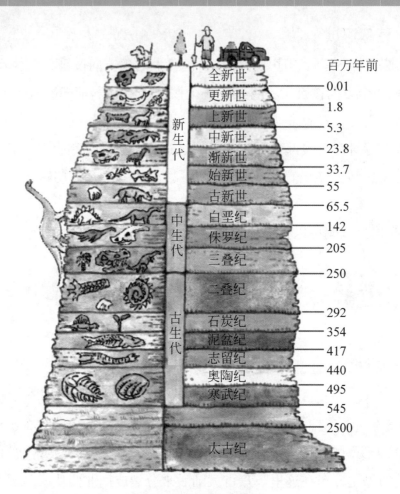

图 15-17 地质演化图

（2）虚骨龙次亚目。虚骨龙次亚目具有轻盈灵活的躯体，早期代表是食肉类型，后期代表发展成杂食型，有的以蛋为主要食物。

（3）原蜥脚次亚目。原蜥脚次亚目为双足行走，杂食型恐龙。它们头不大，顶面光平，眼眶大于头部所有孔眶，泪骨纤细，眼前孔为葫芦状，枕髁较大；下颌关节低于齿列面，牙齿小，齿冠短，两侧面有微弱纵棱发育，其前缘见少量锯齿构造，齿尖不锐利；颈部较长，神经棘及横突不发育，背锥体为双凹型，荐前椎至少 23 个，愈合荐椎有 3 个，前部尾椎较高。

（4）鸟脚亚目。鸟脚亚目是恐龙类中化石最多的一类，其内容亦很庞杂，两足或四足行走，嘴部一般扁平，下颌骨前方有单独的前齿骨。最早被人们发现并科学认识的禽龙即属此类。

（5）剑龙亚目。剑龙亚目为四足行走的恐龙，背部有直立的骨板，尾部后端具骨质刺棒两对，头小，脑亦很小。剑龙类主要出现于侏罗纪，可延续到白垩纪初期，是恐龙类中最先灭亡的一个大类。

（6）角龙亚目。角龙亚目恐龙是指鸟臀目的缘头龙类的一支四足行走的植食性恐龙，体长可达 9m。成群生活，白天的大部分时间里都在啃食植物。

任务 15.4　总结与评价

先分组进行总结，分别说出制作过程及体会，并写出书面总结。再互相检查制作结果，集体给每一位同学打分。

1．任务完成大调查

完成项目后在如表 14-1 所示打分表中打√。

2．行为考核指标

行为考核指标，主要采用批评与自我批评、自育与互育相结合的方法。采用自我考核和小组考核后班级评定的方法。班级每周进行一次民主生活会，就行为指标进行评议，考核指标如表 14-2 所示。

3．集体讨论

"鹦鹉"飞行时只能向上、下、左、右 4 个方向吗？改变或增加面向方向，观察运行结果。

4．思考与练习

（1）翼龙是可以飞翔的，编写程序让翼龙在空中上下飞翔。

（2）使用其他角色，按照本项目中的方法控制角色移动。

项目 16　坐　　标

　　大象甩着长长的鼻子，正快乐、悠闲地在森林里散步，来到一棵苹果树下，想要吃苹果。树上的苹果可以掉下来，还能回到树上。

　　本项目使用新的积木控制角色移动，即"x坐标增加"积木和"y坐标增加"积木，巩固"面向方向"积木和"当按下＊＊键"积木。

任务 16.1　大象和苹果

通过编程实现：按下←键，大象向左走；按下→键，大象向右走；按下↓键，苹果从树上落下来；按下↑键，苹果回到树上。

❶. 选择背景和角色

按任务要求选择合适的背景和角色，并修改角色大小，使其与背景更好地融合。本任务需要选择两个角色：大象和苹果。在背景库中选择 Forest 背景图片，在角色库中选择"大象"和"苹果"，完成后参考图 16-1。

图 16-1　大象和苹果的舞台设置

❷. 漫步的"大象"

与之前的任务不同，本任务不使用循环结构，直接使用键盘的方向键作为触发事件，执行接下来的程序。因此，使用之前学习过的事件类指令"当按下空格键"就可以实现。

在之前的学习中，让角色移动，无论是"恐龙行走""鹦鹉飞行"，还是

"鲨鱼游动"，都是通过"移动"积木实现的。本次任务将使用"将 x 坐标增加"指令，实现角色在水平方向上的移动。

（1）x 坐标增加。指令位置和外观如图 16-2 所示，指令中椭圆形中的参数可以修改。数值为正数时，x 坐标值变大，角色向 x 轴正方向（向右）移动；数值为负数时，x 坐标值减小，角色向 x 轴反方向（向左）移动。

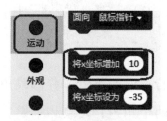

图 16-2　x 坐标增加指令

（2）"大象"向右走。按下→键，大象面向 90° 方向，向右行走并变换造型。在角色列表区单击大象图标，编写控制程序。大象角色本身已有两个造型，不需要修改造型。用"将 x 坐标增加"指令替换"移动"指令，第一块积木使用"当按下 ** 键"。程序参考图 16-3。按照同样的方法，编写"大象"向左行走的程序，如图 16-4 所示。

（3）测试程序。程序编写完成，按下→键，可以看到大象向右走，按下←键，可以看到大象向左走。

调试过程中可能会出现大象头朝下行走的情况，为了避免这种情况，可以再编写一段初始化程序，将旋转方式设定为"左右翻转"，如图 16-5 所示。

图 16-3　向右走

图 16-4　向左走

图 16-5　"大象"的初始化

3. 神奇的苹果

大象正在树下行走，一个苹果从树上掉下来，快要落到大象身上，却又神奇地回到树上了。真实生活中当然不会发生苹果回到树上的情况，在程序中可以实现这个神奇的现象。

按下↑键，苹果回到树上；按下↓键，苹果掉下来。

（1）y 坐标增加。

可以将 x 坐标增加，就一定可以将 y 坐标增加，如图 16-6 所示。白色椭圆形内是可修改的参数，正数表示坐标值增加，角色向着 y 轴正方向（向上）运动；负数表示坐标值减少，角色向着 y 轴反方向（向下）运动。

（2）为苹果添加造型。

生活中，苹果从树上掉落，并不是像铁球那样直接落地，而是在空中有旋转的动作。运行程序时，为了让苹果掉落过程更形象、生动，需要有造型变换。

进入苹果角色造型编辑界面，可以看到，苹果只有一个造型。因此，需要为苹果增加造型。在项目 6 中学习了进入造型库选择新造型为角色增加造型的方法。需要为苹果增加造型，仍然使用苹果图片，只是增加旋转后的造型，这时候可以复制造型，然后修改角度。

在苹果角色造型编辑界面，复制苹果造型，如图 16-7 所示。完成后就得到了一个名为"苹果 2"的新造型。它与之前的造型一模一样。

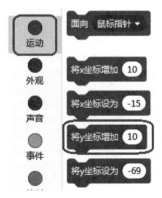

图 16-6　y 坐标增加指令

图 16-7　复制造型

随后，修改"苹果 2"造型。使用选择功能图标，选中整个苹果，拖曳选择框下方的旋转箭头就可以将苹果图片旋转任意角度，如图 16-8 所示。在编辑区单击空白处，完成编辑。在造型列表中可以看到"苹果 2"造型已经编辑完成了。

　　按照同样的方法，再次复制造型，并进行旋转修改，得到"苹果 3"造型，如图 16-9 所示。这样，原本只有一个造型的苹果角色，就有了 3 个旋转角度不同的造型。

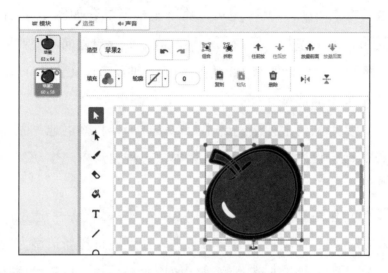

图 16-8　编辑"苹果 2"造型

图 16-9　编辑"苹果 3"造型

　　（3）苹果控制代码。单击"模块"按钮，返回代码编辑界面编写代码。苹果角色有上、下两个动作，苹果落下来时，移动方向向下，也就是 y 轴的反方向，因此 y 坐标增加值是负数。苹果返回树上，移动方向向上，也就是

y 轴的正方向，因此 *y* 坐标增加值是正数。

　　参照"大象"的控制，修改参数，完成"苹果"的控制代码，程序参考图 16-10。

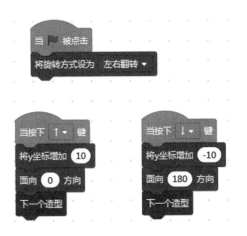

图 16-10　"苹果"的代码

　　（4）测试程序。程序编写完成，按下↓键，可以看到苹果翻滚着落下来，按下↑键，可以看到苹果又翻滚着回到树上。

④．玩一玩

　　完成大象和苹果程序的编写和测试，一起玩一玩、练一练。

　　（1）玩游戏。操作键盘上的方向按键，让大象用它长长的鼻子刚好接住落下来的苹果。

　　（2）编程挑战。项目中，大象左右移动，苹果上下移动。试一试编写代码，让苹果上、下、左、右都可以移动。注意：这与大象的左、右移动不同，动作不可同时发生。

任务 16.2　扩展阅读：笛卡儿坐标系

　　笛卡儿坐标系（Cartesian coordinates），法语为 les coordonnées cartésiennes，是直角坐标系和斜角坐标系的统称。

相交于原点的两条数轴，构成了平面放射坐标系。如两条数轴上的度量单位相等，则称此放射坐标系为笛卡儿坐标系。若两条数轴互相垂直，则称为笛卡儿直角坐标系，否则称为笛卡儿斜角坐标系。

使用一条数轴，就可以在数轴上标出所有数据，在数轴上标出两个点，就可连成一条直线。采用直角坐标，就可实现数形结合，平面几何形状可以在平面坐标系中表示出来，有些平面图形还可用代数方程式明确地表达出来。几何形状的每一个点的直角坐标必须遵守这个代数公式。

笛卡儿坐标系是如何创建的呢？据说有一天，法国哲学家、数学家笛卡儿生病卧床，尽管如此，他还反复思考一个问题：几何图形是直观的，而代数方程是比较抽象的，能不能把几何图形与代数方程结合起来呢？要想达到此目的，关键是如何把组成几何图形的点和满足方程的每一组"数"联系起来。他苦苦思索，拼命琢磨：用什么方法才能把"点"和"数"联系起来呢？

突然，他看见屋顶角上的一只蜘蛛，拉着丝垂了下来，一会儿工夫，蜘蛛又顺着丝爬上去，在上边左右拉丝。笛卡儿的思路豁然开朗，他想，可以把蜘蛛看作一个点，蜘蛛走过的每个位置能不能用一组数确定下来呢？他又想，屋子里相邻的两面墙与地面相交出了3条线，如果把地面上的墙角作为起点，把相交出来的3条线作为3根数轴，那么空间中任意一点的位置就可以在这3根数轴上找到有顺序的3个数。反过来，任意给一组3个有顺序的数也可以在空间中找出一点与之对应，同样道理，用一组数 (x, y) 可以表示平面上的一个点，平面上的一个点也可以有用一组两个有顺序的数来表示，这就是坐标系的雏形。

著名的笛卡儿心形图就是数形结合的经典之作，如图 16-11 所示。心形图的方程是 $r=a(1-\sin\theta)$。

笛卡儿还被称为"解析几何之父"，他用数形结合的方式将代数与几何的桥梁搭建起来。这是解析几何学诞生的曙光，沿着这条思路前进，在众多数学家的努力下，数学的历史发生了重要的转折，即建立了解析几何学。

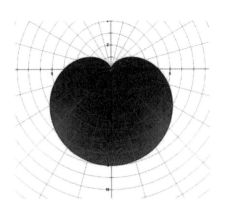

图 16-11　笛卡儿心形图

任务 16.3　总结与评价

先分组进行总结，分别说出制作过程及体会，并写书面总结。再互相检查制作结果，集体给每一位同学打分。

 任务完成大调查

完成项目后在如表 14-1 所示打分表中打√。

 行为考核指标

行为考核指标，主要采用批评与自我批评、自育与互育相结合的方法。采用自我考核和小组考核后班级评定的方法。班级每周进行一次民主生活会，就行为指标进行评议，可用如表 14-2 所示评分表进行自我评价。

3. 集体讨论

控制角色移动的方法有几种？分别使用哪些指令？你最喜欢使用哪种方法？

4. 思考与练习

（1）使用"如果…那么执行"指令编写苹果控制程序，展现这只苹果的神奇。

（2）复制更多"苹果"角色，呈现树上挂满苹果的画面。

项目 17 自 主 设 计

　　一只小狗要去外面寻找食物，走到半路发现前面的路被一块石头挡住了，小狗该怎么办呢？小老鼠看到一块奶酪口水直流，好想吃到奶酪，但是老鼠追，奶酪跑，老鼠怎么也吃不到奶酪。

　　本项目学习新的侦测类积木"碰到 **？"，主要是对之前学习内容的综合运用，学习自主设计程序，会用到控制模块的"如果…那么执行"和"循环执行"，运动模块的"移到 xy"和"移到"，外观模块的"说 **"和"下一个造型"等，以及结合键盘控制角色动作。

任务 17.1　勇敢的小狗

　　树林旁边的小路上，一只小狗正在寻找食物。一块大石头拦在路中央，阻断了小狗继续前进，勇敢的小狗决定跳过去，继续向前走。

　　编写程序模拟这一场景。单击"运行"按钮，运行程序，小狗开始向前走，碰到石头短暂停留之后，跳过石头，说"我跳过来了！"。程序结束。

1. 选择背景和角色

按照之前学习的方法选择背景，在背景库中选择"蓝天"背景。

　　本次任务有两个角色，分别是"小狗"和"石头"，在角色库中分别选择这两个角色，并放置在舞台合适的位置，参考图 17-1。

图 17-1　"勇敢的小狗"的背景和角色

2. 代码编写

　　小狗的动作可以分为 3 部分：初始化、前行、遇到石头。接下来，分别编写这 3 部分的控制代码。

　　（1）初始化。角色在动作之前都有一个初始状态的设置，如从哪里开始、使用哪种造型、使用哪种颜色等。任务中的小狗从舞台左侧开始向右侧行走，参照项目 3 相关内容，首先需要设置起始位置并等待。

设置起始位置使用"移动 *xy*"指令，单击"运行"按钮，"小狗"来到起始位置并等待，编写程序如图 17-2 所示。

（2）前行。小狗角色面向 90°方向，前行就是从左往右移动。行走使用的是"移动"指令，想要有造型上的变化,还要和"下一个造型"配合使用，并使用循环执行让移动指令持续执行。继续正常前行的程序如图 17-3 所示。

图 17-2 "小狗"的初始化

图 17-3 "小狗"的前行

（3）遇到石头。完成上面两部分程序，单击"运行"按钮，观察运行结果。可以看到，小狗持续地前行，即使碰到了石头也没有任何动作变化。

这是因为还没有编写碰到石头该怎样做的程序。根据任务要求，如果碰到石头，就跳过去，说"我跳过来了！"，并结束程序。

① 判断是否遇到石头。

在项目 16 中，使用过"如果…那么执行"语句和侦测模块中的"按下 ** 键？"一起完成条件的选择和判断。

如图 17-4 所示，使用"碰到 **？"积木判断是否遇到了石头。单击积木中的白色小三角，选择"石头"，即可修改指令为"碰到石头？"

② 跳过去。

跳过去在控制上就是移动坐标位置,使用"移到 *xy*"指令。跳过去之后，*x* 坐标值增加了，*y* 坐标值没有变化，参照起始位置的坐标，可以将跳过去的坐标设置为（190，–110）。

③ 跳过之后。

跳过去之后，小狗角色需要说"我跳过来了！"，使用外观类的"说"指令。随后，小狗角色会继续向前行走。

如果不让小狗角色继续向前走，就使用"停止"指令结束当前循环，指令位置如图 17-5 所示。

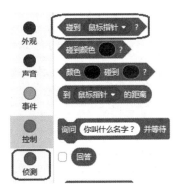

图 17-4　"碰到 **？"指令　　　　图 17-5　"停止全部脚本"指令

按以上分析，编写"小狗"遇到石头的控制代码，完成后的程序参考图 17-6。

（4）完整代码。

将图 17-6 所示代码嵌入图 17-3 所示循环执行内部，如图 17-7 所示。

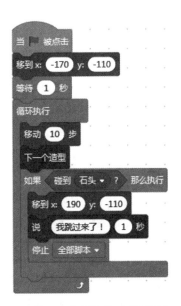

图 17-6　"小狗"遇到石头　　　　图 17-7　"小狗"完整代码

3．调试

完成程序编写后，还需要进行调试，观察程序运行情况以便做出调整。

（1）观察执行结果。

单击"运行"按钮，观察运行结果。可以看到，小狗角色来到起始位置，稍微等待，随后前行，遇到石头时跳过去并说"我跳过来了！"，程序结束。

（2）优化代码。

基本完成了任务要求。反复运行程序，还会发现，小狗遇到石头的时候没有任何迟疑就跳过了，并且造型的变化也不明显。适当地修改程序，增加等待时间和造型的变化，让动画看起来更有趣。参考程序如图 17-8 所示。

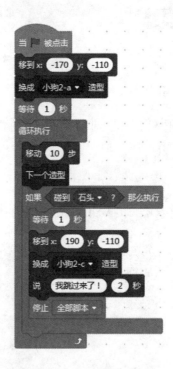

图 17-8　完善后的代码

任务 17.2　追逐奶酪

小老鼠发现了一块奶酪，馋得直流口水，好想吃到奶酪。奶酪好像知道小老鼠要吃它，跑掉了。奶酪随意乱跑，小老鼠追着奶酪，刚追上奶酪准备咬一口，一不留神奶酪又跑了。

在任务 17.1 中，虽然有两个角色，但是石头角色是没有动作的，只是用于侦测的条件。本次任务中的两个角色都有动作，都需要编写控制程序。

编写程序实现这个小游戏。单击"运行"按钮，奶酪每隔几秒就随机移动一次，使用键盘按键控制老鼠角色移动，如果老鼠角色碰到奶酪，就说"真好吃！"。

① . 选择背景角色

本次任务可以不选择背景，或者根据自己的喜好选择背景。先在角色库中选择"老鼠"，再添加"奶酪"，可以发现找不到"奶酪"的图片。此时，可以选择相似的食物，如"圆圈"作为角色。在舞台下方的参数区，修改"精灵"的名字为"奶酪"，并修改大小为 40，使角色大小协调，如图 17-9 所示。

图 17-9　"追逐奶酪"背景和角色

② . 编写控制代码

"老鼠"和"奶酪"这两个角色都需要编写控制程序，而且控制方法不同，所以按照任务要求分别编写。

（1）奶酪角色的控制。

奶酪角色的动作是随机的，单击"运行"按钮后开始动作，且持续循环。

使用移动类中的"移到随机位置"指令,并等待,如此循环执行。进入奶酪角色,编写程序如图 17-10 所示。等待时间参数是可以修改的,参考程序中是 3 秒。

（2）老鼠角色的控制。

"奶酪"的动作是随机的,"老鼠"追着"奶酪"跑需要上、下、左、右都可以移动,追到时说"真好吃!"。

为了让编程思路更清晰,可以将老鼠角色的控制分为两部分,分别是老鼠上、下、左、右的移动和追到奶酪。

①老鼠角色的移动。

按照以前学习过的方法,使用键盘控制角色向 4 个方向移动,进入老鼠角色编写程序,参考图 17-11 所示程序。

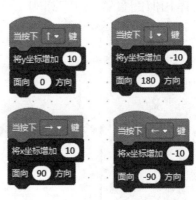

图 17-10　奶酪角色程序　　　　图 17-11　老鼠角色移动程序

②追到"奶酪"。

"老鼠碰到奶酪"使用条件判断语句来完成,而且每次碰到"奶酪"都说"真好吃!"。使用循环执行语句,并参照"小狗碰到石头"的控制方法编写程序,如图 17-12 所示。

3. 调试

（1）观察运行结果。

本次任务完成后是一个小游戏,单击"运行"按钮,游戏开始。可以看到奶酪在舞台上随机移动,使用键盘按键控制"老鼠追逐奶酪",追上时老鼠会说"真好吃!"。奶酪继续跑,老鼠继续追,如此循环,直到单击"停止"按钮,停止游戏。

（2）老鼠造型变化。

运行程序时发现老鼠角色移动时没有造型变化，可以在图 17-11 所示代码中分别增加"下一个造型"积木，如图 17-13 所示。

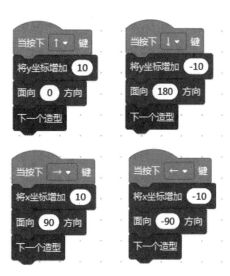

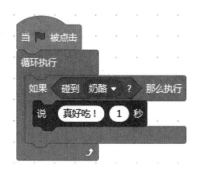

图 17-12　追到"奶酪"程序　　　　图 17-13　增加造型积木

任务 17.3　扩展阅读：文学作品《谁动了我的奶酪》简介

《谁动了我的奶酪》是美国作家斯宾塞·约翰逊创作的一个寓言故事，该书首次出版于 1998 年。

书中主要讲述 4 个"人物"——两只小老鼠嗅嗅、匆匆和两个小矮人哼哼、唧唧找寻奶酪的故事。该书自 1998 年 9 月出版后，两年中销售 2000 万册，同时迅速跃居《纽约时报》《华尔街日报》《商业周刊》最畅销图书排行榜第一名。

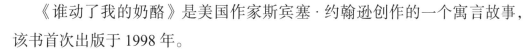

1. 内容简介

两只小老鼠嗅嗅、匆匆和两个小矮人哼哼、唧唧，它们生活在一个迷宫里，奶酪是它们要追寻的食物。有一天，它们同时发现了一个储量丰富的奶酪仓库，便在其周围安家，过起自己的幸福生活。

很久之后的某天，奶酪突然不见了。这个突如其来的变化使它们的心态暴露无遗：嗅嗅、匆匆随变化而动，立刻穿上始终挂在脖子上的鞋子，开始出去寻找奶酪，并很快就找到了更新鲜、更丰富的奶酪。而两个小矮人哼哼和唧唧，面对变化却犹豫不决，烦恼丛生，始终无法接受奶酪已经消失的残酷现实。

经过激烈的思想斗争，唧唧终于冲破了思想的束缚，穿上久置不用的跑鞋，重新进入漆黑的迷宫，并最终找到了更多、更好的奶酪，而哼哼却仍在郁郁寡欢，怨天尤人。

2. 创作背景

《谁动了我的奶酪》出版于 1998 年。根据约翰逊自序，他在 1979 年就对该书有了基本构想，但直到 1998 年，才最终将它变成文字，约翰逊解释说："事实上，我只是发现了生活中的一些真相，然后编了一个很引人入胜的故事，带领读者阅读和体会它。"

3. "人物"介绍

（1）老鼠嗅嗅。它能够及早嗅出变化的气息。说明它始终保持着警惕，并不沉迷于安逸现状，无所作为。即使在遍地美味奶酪的环境下，也能时刻注意着微小的变化，未雨绸缪。

（2）老鼠匆匆。它能够迅速行动。在奶酪消失后，没有犹豫不决，没有怨天尤人，没有坐以待毙，而是迅速掌握当前情况，快速分析出最佳做法，放弃空空如也的奶酪站，立即行动，开辟新方向，寻找新的食物来源。

（3）小矮人哼哼。它因为害怕改变而否认和拒绝变化。当它认为拥有了全世界时，沉浸其中无法自拔，当它失去所拥有时，歇斯底里地抱怨整个世界，不从自身寻找问题所在，甚至自欺欺人，幻想着有一天失去的东西会回来。于是，它只得饥肠辘辘、头晕目眩地在原地苦等永不复返的奶酪。

（4）小矮人唧唧。它看到变化会使事情变得更好时，能够及时地调整自己去适应变化。它也曾浑浑噩噩地在自己编织的迷惘中醉醺醺地活着，当突如其来的灾难降临时，它也曾手足无措，它也曾幻想，它也曾抱怨，但当这一切都无济于事时，它能看清现状，在关键时刻选择改变。

④. 作品鉴赏

在纷乱复杂的社会迷宫中，要想做到积极适应变化绝非易事。这就需要人们摒弃先前对工作和学习造成消极影响的态度和性格。如书中哼哼和唧唧看到无数各式各样的奶酪堆积成山，散发着诱人的香味，就忘乎所以地扑上去，尽情享受着美味，沉浸在成功的巨大满足感和喜悦感中。而后漫长时间中，它们每天一成不变地来到奶酪站，心无旁骛地享受着奶酪，做着不切实际的白日梦，幻想着奶酪取之不尽、用之不竭。这种不劳而获且被眼前胜利冲昏头脑的假象是十分危险的。

生活中的人们也是如此，实现了短期目标或者获得当前利益后就容易停滞不前，这是由于人天性中的惰性引起的。所谓惰性，就是指因主观因素而无法按照既定目标行动的一种心理状态。它是人懒惰的本性，不易改变落后的习性，不想改变旧思想、旧行为方式的倾向。

当一个人有惰性心理时，做事就会一拖再拖，迟迟不肯行动，人的惰性就像惰性气体的作用，阻碍化学反应的发生，成为成功路上的绊脚石。因此，应该克服惰性，不要像哼哼和唧唧那样被惰性牵着鼻子走。

在正确的榜样嗅嗅和匆匆身上，看不到惰性的影子。因为它们始终保持警惕，不懈怠、不放松，不在安逸的环境中消沉，不被胜利的果实夺取上进心。最大的难度和最有利的支撑都是心理和精神。

改变并不可怕，因为改变绝非放弃已然拥有的，而是寻找新的奶酪，这也只是其中一种做法。另一种做法则是改变自己，提高自己，保证已有的奶酪不变质，或者越变越美味，越变越充足。根据自身的现有状况，拿捏哪种改变能够使个人追求最大化。

⑤. 艺术特色

除了人物的象征意义，故事中所描写的其他形象也包含着隐喻，带给人们很多思考。

（1）奶酪。一千个读者有一千个哈姆雷特，所谓的奶酪就只是一种比喻，它可以是人们生命中最需要的东西，就像书中4位主人公赖以生存的食物；它也可以是人们在生命的某个时期最想得到的东西，譬如，它可能是一份高薪工作、一段幸福美满的恋情、一个健康有力的身体、一种心灵深处的宁静。

每个人根据自己的自身情况，有着不同种类的奶酪。而奶酪的消失则代表着日常生活中失业、感情破裂等。而奶酪又不可能永远新鲜、高质量，它会随着时间的流逝变质，就像生活中人们旁边的环境事物一样，虽然没有消失，但是其本质已然改变。

（2）迷宫。迷宫有两层含义，一层是现实的社会，另一层则是内心的世界。现实社会有的时候就像一个大迷宫，人们在里面兜兜转转，寻寻觅觅，却好似永远找不到出口，找不到属于自己的角落，最终还是逃不出迷宫的手掌心，只得在原地徘徊。

现实世界不断变化着，每一次改变都增加了迷宫的复杂程度，让人们更加迷茫。而自己的内心世界也是一个迷宫，多少人随波逐流，没有认真倾听过内心的声音，漫无目的地前进，不知自己渴望的方向和目的地。日复一日循规蹈矩，机械化的行动早已使原始的内心与现在的世界格格不入，心中的迷茫也扭成了一团乱麻，像迷宫一般，理不出头绪。

（3）鞋子。书中匆匆的鞋子自始至终挂在脖子上，似乎给人一种傻里傻气的感觉，实则不然。脖子上的鞋子代表着匆匆超乎常人的行动力和决心。当生活中的改变猝不及防地出现时，匆匆能够迅速穿上鞋子，调转方向，向新的目的地前进。这不仅是一种难能可贵的魄力，还是许多人都望之莫及的能力。

而唧唧的鞋子，在它寻找到自以为的理想天堂的时候，就已经束之高阁了。这就代表了它已经被美好的现状冲昏了头脑，被暂时的成功蒙蔽了双眼，丢失了行动能力。终于有一天，它幡然悔悟，穿上久置不用的鞋子，这说明它开始踏入崭新而又充满希望的征程。

任务 17.4 总结与评价

先分组进行总结，分别说出制作过程及体会，写出书面总结。再互相检查制作结果，集体给每一位同学打分。

1．任务完成大调查

完成项目后在如表 14-1 所示任务表中打√。

2．行为考核指标

行为考核指标，主要采用批评与自我批评、自育与互育相结合的方法。采用自我考核和小组考核后班级评定的方法。班级每周进行一次民主生活会，就行为指标进行评议，可用如表 14-2 所示评分表进行自我评价。

3．集体讨论

自己的"奶酪"是什么？怎样做才能追到自己的那块"奶酪"呢？

4．思考与练习

（1）任务 17.1 中，"小狗"碰到"石头"的时候勇敢地跳过去了，修改程序让"小狗"说完之后向前走 10 步停止。

（2）游戏一般都有结果统计，在任务 17.2 中，怎样统计"老鼠"追上"奶酪"的次数？

项目 18　童 话 世 界

　　有一只小兔，每天都过得很不开心，为一些小事烦恼，比如妈妈不让它吃太多胡萝卜，不让它和别的小兔一起玩儿。有一天，小兔离开家到森林里玩耍，它会遇到什么事呢？

　　本项目学习与变量相关的知识，学习新建变量、用变量统计分数、变量的比较等，相关的新积木包括"重复执行直到 **"、运算符类的积木，继续巩固练习循环执行、克隆、改变大小等学习过的编程知识和方法。在学习过程中，通过分析任务要求，理出思路，编写代码实现自己的想法。

任务 18.1　小兔进城堡

小兔看到一座城堡，开心地跑过去。它从舞台左下角向城堡门口奔跑，越跑越远，身影越来越小，最终消失在城堡入口处。单击"运行"按钮，运行程序，呈现出渐行渐远的动画效果。

1. 选择背景和角色

根据任务要求，选择城堡为背景，小兔为角色。在背景库中选择 castle2 为舞台背景，在角色库中选择 Hare（野兔）作为角色，参考图 18-1。

图 18-1　"小兔城堡"舞台

2. 编写控制程序

舞台上通往城堡的路从左下方向右上方延伸，很明显，这不是之前设定过的水平或垂直方向。"小兔"默认方向是 90º，想要沿着这条路跑向城堡，需要调整其移动方向。"小兔"渐行渐远，跑到城堡门口时身影消失，程序结束。

根据以上分析，将控制程序分为两部分，即初始化和跑向城堡。

（1）"小兔"的初始化。

初始化内容包括"小兔"的大小、起始坐标位置和面向方向。

因为起始位置和面向方向这两个参数是互相影响的，所以先确定了初始位置，调试时再调整面向方向，最终保证"小兔"恰好跑到城堡大门口（"小兔"从起始位置跑向城堡大门是直线运动）。"小兔"朝着右上方跑去，面向方向的角度一定是小于90°的，可暂定为70°，如图18-2所示。

（2）"小兔"奔跑。

仔细思考，分析出奔跑的过程包括跑向"城堡"、到达"城堡门口"、消失。其中，跑向"城堡"是一个重复的过程，有造型和大小的变化，在奔跑中身影越来越小。消失就是角色被隐藏，而且是到达城堡门口时。

① 重复执行。"渐行渐远，看起来身影也越来越小，最后消失"，这个过程是一个有条件的重复过程，而不是简单地循环执行。循环控制使用"重复执行直到 **"积木，如图18-3所示。

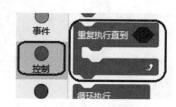

图 18-2 "小兔"初始化程序　　　　图 18-3 "重复执行直到 **"指令

这块积木可以实现内部代码有条件地重复执行，指令中的六边形区域是用来放置条件积木的。意思是，重复执行积木内部区域的代码，直到条件满足时停止执行。即条件满足时，就不再执行内部代码。拖曳此积木至编程区，如图18-4所示。

② 跑向"城堡"。"重复执行直到 **"指令内部嵌入的代码就是跑向"城堡"的动作。积木功能包括移动、造型变化、等待时间、变小。实现这些功能的代码在之前的项目中都学习和使用过。从指令列表中找到这些积木拖曳

至编程区，并修改参数，完成后如图 18-5 所示。

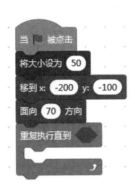

图 18-4　使用重复执行

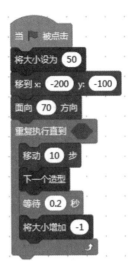

图 18-5　增加奔跑过程

单击"运行"按钮，观察运行结果。可以看到，"小兔"从起始位置跑向终点位置（"城堡大门"），身影逐渐变小，最终消失在舞台边缘而不是"城堡大门口"。这是因为还没有设置"小兔"消失的条件，也就是重复执行积木中的条件。

③ 到达"城堡门口"。到达"城堡门口"是重复执行结束的条件，应该如何判断呢？按住鼠标左键拖曳"小兔"从起点位置至终点位置，就会发现角色移动时其坐标值是不断变化的，到达终点位置的"小兔"的坐标值大约是（170，20），超过这个坐标值就要停止移动。比较 x 坐标值或者 y 坐标值就可以判断"小兔"是否到达终点了。

本任务使用 x 坐标值进行比较。x 坐标 >170，作为到达"城堡"的条件，也就是重复执行积木中的条件。

"x 坐标"积木在运动类模块中，如图 18-6 所示。数值比较指令有 3 个，分别是大于、小于和等于，在运算符类模块中，如图 18-7 所示，积木形状都是六边形，符号两边的参数是可以修改的。

编辑比较类积木，拖曳"大于"比较积木块至编程区，再拖曳"x 坐标"积木为左侧参数，将右侧参数设置为 170，如图 18-8 所示。

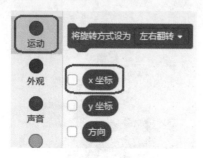

图 18-6 "x 坐标"积木

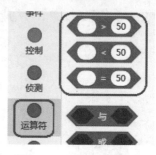

图 18-7 比较类积木

单击"运行"按钮，观察运行结果。可以看到，"小兔"跑向"城堡"，大约在"城堡门口"的位置停止了，并没有消失。

停止了，说明重复执行的结束条件设置正确，符合预期。只要使用"隐藏"积木增加身影消失功能即可。在程序的末尾使用了隐藏指令，就要在初始化程序中使用显示指令，以便再次运行程序时，能够观察到角色，更新初始化部分的程序，最终程序参考图 18-9。

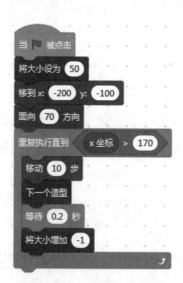

图 18-8 设置重复条件

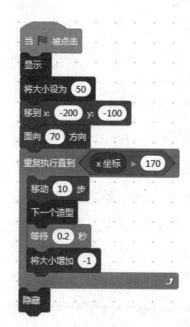

图 18-9 "小兔进城堡"代码

③. 整体调试

程序编写完成，单击"运行"按钮，开始程序的整体运行，检测编写的程序是否能够实现任务中的全部要求呢？

（1）确定面向方向。

单击"运行"按钮,观察运行结果。发现"小兔"向前奔跑,身影越来越小,可是却停止在大门略靠上方的位置。这说明设置的"面向方向"数值偏小,适当增加数值即可,如设置为 73,再次单击"运行"按钮,观察运行结果。反复调试,直到"小兔"恰好停止并消失在"大门"位置。

（2）改变起始位置。

如果改变了起始位置,需要重新调试"面向方向",以保证"小兔"能够准确跑到终点坐标。

 任务 18.2　草 莓 小 兔

小兔进入城堡,发现城堡里面是一个美丽的花园,到处都是五彩缤纷的花草树木。突然,天空中落下很多红红的果子,它小心地尝了尝,是草莓酸酸甜甜的味道。

通过编程模拟小兔吃草莓的动画场景。单击"运行"按钮,游戏开始,舞台上随机出现一颗颗草莓,使用方向按键控制小兔移动,每吃到 1 颗草莓得 1 分,这颗草莓会消失。单击"停止"按钮停止游戏,或者得分达到 50 分停止游戏。

1. 选择背景和角色

编写代码之前先进行舞台布置,包括选择背景和角色,并进行简单设置。从背景库中选择 Pathway 为背景图片,从角色控制中选择 Hare 和"草莓"为角色。

程序执行时,两个角色都没有大小的变化,经过测试,将草莓角色大小修改为 30,Hare 角色大小修改为 70,这样的比例看起来会比较协调,完成后的舞台参考图如图 18-10 所示。

2. 编写控制代码

分别为"小兔"和"草莓"这两个角色编写控制代码。"小兔"跳跃控

图 18-10 草莓小兔舞台

制比较简单，可以参照之前学习过的使用键盘控制角色移动的内容。"草莓"的控制包括克隆自己，克隆启动时的得分和隐藏，以及达到 50 分时停止游戏。

（1）"小兔"的代码。

"小兔"的动作是上、下、左、右移动。在之前的任务中，编写过很多类似的动作方式，通过键盘上的 4 个方向按键来实现。

单击小兔角色图标，进入代码编辑画面，编写程序参考图 18-11。可以使用"移动"积木或者"坐标增加"积木，按照自己熟悉的方式编写，只要能实现同样的动作就可以。

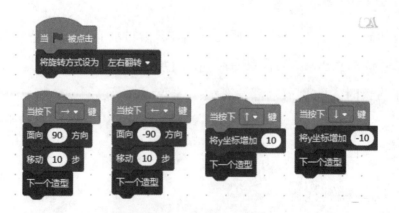

图 18-11 小兔角色动作代码

初始化中程序中将旋转方式设为"左右翻转",然后测试一下小兔角色的动作。按下向右键,小兔角色向右跳跃奔跑;按下向左键,小兔角色向左奔跑跳跃;按下向上键,小兔在空中奔跑;按下向下键,小兔向地面奔跑。

（2）草莓角色的代码。

在任务 11.1 中,学习过用克隆指令实现繁星满天的舞台效果。想要舞台上呈现布满"草莓"的效果,方法类似。当单击"运行"按钮时,"草莓"开始克隆,并在舞台上随机显示。此外,该角色的控制还包括得分统计和停止游戏。

①"草莓"克隆。进入草莓角色代码编辑画面,编写"草莓"的控制程序。首先,编写程序,让"草莓"每隔 1 秒克隆自己,并移到舞台的随机位置,如图 18-12（a）所示。

"草莓"出现了,"小兔"跳跃着去吃草莓。如果"草莓"碰到"小兔"就隐藏,得分 +1。第一块积木使用"当作为克隆体启动时",碰到小兔角色时,就消失（隐藏）,如图 18-12（b）所示。

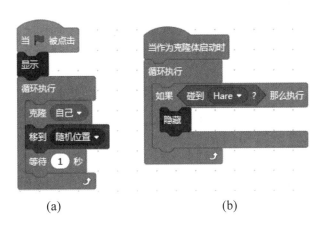

(a)　　　　　　　　　　(b)

图 18-12　草莓角色的代码

②得分统计。使用变量进行得分统计。在模块列表中单击"变量"模块,显示相应的积木列表,如图 18-13 所示,列表中没有"得分"这个变量,需要新建变量。

单击图 18-13 中的"新建变量",弹出"新建变量"对话框,如图 18-14所示,输入变量名为"得分",并选择"适用于所有角色",单击"确定"按钮完成并退出设置。

图 18-13　变量模块

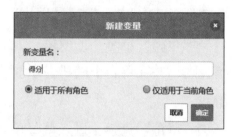

图 18-14　输入变量名

完成后，在变量列表中可以看到以"得分"命名的变量，并默认选中，如图 18-15 所示。同时，在舞台左上方会显示得分数值，初始值为 0。

草莓角色开始克隆时需要将得分设置为 0，使用"设置得分的值为 0"积木。碰到小兔角色得分增加 1，使用"将得分增加 1"积木块，分别拖曳至图 18-12 所示的代码中，为程序增加得分统计功能，完成后的程序如图 18-16 所示。

图 18-15　新建"得分"变量

图 18-16　增加得分功能

③设置得分上限。如果不单击"停止"按钮，这个游戏可以一直玩下去，理论上得分将会无限大。

设置得分上限，让游戏停止。如果"变量得分"等于 50，那么停止全部脚本，草莓角色停止克隆，得分统计也会停止。

使用运算符类的"等于"指令作为"如果…那么执行"中的条件，等号左边的参数是"变量得分"，右边参数是数字 50。循环执行这部分指令，在草莓角色中编写代码，如图 18-17 所示。也可以将此部分与克隆体启动时（得分统计）的程序段合并。

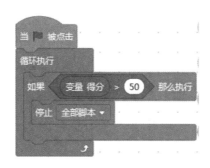

图 18-17　设置得分上限

3. 运行与调试

游戏制作完成，单击"运行"按钮，测试运行结果。可以发现，舞台上每隔 1 秒就会出现 1 颗"草莓"，使用方向键让"小兔"移动，每次"草莓"碰到"小兔"就会消失，同时得分 +1，直到得分是 50 时，自动停止游戏。游戏时，单击"停止"按钮可以随时终止游戏，单击"运行"按钮重新开始。

（1）修改参数。修改草莓角色的克隆速度，更快或者更慢，观察程序执行情况。修改得分上限参数，观察程序执行情况。

（2）游戏比赛。和同学比一比，设置同样的得分上限，看看谁的"小兔"更快完成。说说是怎样做到的。

任务 18.3　扩展阅读：故事《最大最大的城堡》

金先生喜欢"大"的东西，所以他住在一座大山的山顶，他想给自己盖一座大城堡。他剪下木块盖城堡，剪了一块又一块，山都被他剪出了一个一个的大洞。

听到咔嚓咔嚓的声音，金先生的朋友们都来问到底是怎么回事？当他们看到山上一个一个的大洞时，更惊奇了。

但是金先生忙的晕头转向，他根本就没有听到朋友们说的话。他的城堡越来越大，山上的洞越来越多，等他终于把城堡盖好的时候，山都被他剪光了，木块也都用完了。

他停下来看着他的城堡，心里特别的得意，但是他突然发现，从窗户往外看的时候，什么风景都没有。

这时候朋友们也都在议论，猫头鹰睡觉的地方不见了，麋鹿最喜欢的花朵不见了，小兔子不知道以后要去哪里吃草，松鼠兄弟储藏坚果的秘密基地不见了，小熊和小狐狸更是不知道大山到底出了什么事？最后大家一个跟着一个，来到了金先生的城堡前，它们想问一下金先生，大山到底出了什么事？

突然之间，金先生觉得自己犯了一个大错误，他想了一会儿，决定要把东西送回原处。朋友们欢呼起来，开始帮助金先生，一块儿一块儿的拆大城堡，然后一块儿一块儿的放回原处，最后几乎所有的东西又和之前一样了。

但是还剩下一块木板，没有地方放了。小伙伴们嘀嘀咕咕商量了一会儿，它们想到了一个好主意。当金先生睁开眼睛，看到朋友们送给他的惊喜：一座小小的城堡。

金先生当即决定，晚上要在城堡里举办一场大派对！朋友们在一起开心快乐的生活，他顿时明白了，不在乎住的大还是小，最重要的是温暖。

 ## 任务 18.4　总结与评价

先分组进行总结，分别说出制作过程及体会，并写书面总结。再互相检查制作结果，集体给每一位同学打分。

1. 任务完成大调查

完成项目后在如表 14-1 所示打分表中打√。

2. 行为考核指标

行为考核指标，主要采用批评与自我批评、自育与互育相结合的方法。采用自我考核和小组考核后班级评定的方法。班级每周进行一次民主生活会，就行为指标进行评议，可用如表 14-2 所示评分表进行自我评价。

3. 集体讨论

"小兔进城堡"任务中使用的是单线程，即朝着一个方向的直线运动跑向城堡。讨论如何实现多线程跑向城堡。

4. 思考与练习

（1）任务中的"草莓"经过克隆随机出现在舞台上时，没有下落的动作，并没有实现"草莓雨"，修改程序，实现"草莓"随机在舞台上出现，并下落。

（2）为《草莓小兔》游戏增加背景音乐。

项目 19　分 支 结 构

在之前的项目中，学习并多次使用过"如果……那么执行"分支结构，如在任务 15.1、任务 15.2 和任务 17.1 中，同时也学习了如何使用变量作为标志的方法，如任务 18.2 中的得分变量。

Mind+ 控制类模块中的"如果……那么执行"和"如果……那么执行……否则"可以根据不同的条件做出不同的决定，从而控制程序的行为。它们是根据逻辑表达式采取行动的。

本项目详细讨论这两块积木以及用变量存储数据的思想，然后介绍嵌套的分支结构，以及使用这种结构编写程序，在任务 19.2 中学习简单的双分支结构程序编写。

分支结构也叫作选择结构，首先进行条件判断，只有符合一定的条件，程序才会被执行。分支结构包括单分支、双分支和多分支（分支的嵌套）3 种形式。

任务 19.1　理解分支结构

 单分支结构

"如果……那么执行"积木是一个做决定的积木，它根据条件测试后的结果决定是否执行一段脚本。其结构和相应的流程如图 19-1 所示。

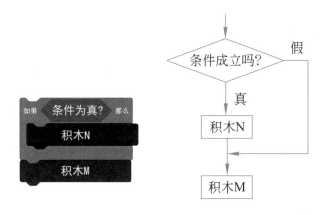

图 19-1　单分支结构和相应的流程

图 19-1 中的积木 N 和积木 M 可以是一块积木，也可以是几块积木。在任务 15.2 中，相关程序如图 19-2 所示，条件是判断"碰到石头了吗？"：

碰到石头了，条件为真，执行"如果……那么执行"内的程序，即"等待""移到""换成造型"等，一共 5 块积木。

没有碰到石头，条件为假，执行外部的程序，即"移动"和"下一个造型"这两块积木。

变量可以用来存储数据，并显示这个数据，还可以进行数值比较，根据比较结果判断条件真假。在任务 18.2 中，为了进行分数统计和设置得分上限，设置了一个存储变量"得分"。如图 19-3 所示，首先将变量的值设为 0，当程序执行到"碰到 Hare"时变量就增加 1，当变量得分中的数值超过 50 时，停止当前游戏。

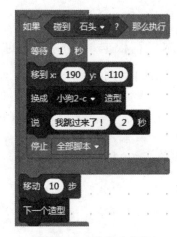

图 19-2 单分支例子　　　　图 19-3 使用变量存储数值

2. 双分支结构

假设某个数学类程序提出一个加法问题，如果学生回答正确，加一分；若回答错误，则减一分。可以使用两个"如果……那么执行"积木解决该问题。如果回答正确，那么执行分数变量 score 加 1；如果回答错误，那么执行分数变量 score 减 1。

此外，还可以将两个"如果……那么执行"合并为一个"如果……那么执行……否则"，这样逻辑更简单，代码更高效：

> 如果回答正确，那么
>
> 　　分数变量 score 加 1
>
> 否则
>
> 　　分数变量 score 减 1

如果条件为真，则执行"如果……那么执行"内的脚本。但若条件为假，则执行"否则"内的脚本。程序一定执行且仅执行两者之一。因此，两条路径的"如果……那么执行……否则"积木也称为双分支结构，而一条路径的

"如果……那么执行"积木称为单分支结构。双分支结构积木的结构和流程如图 19-4 所示。

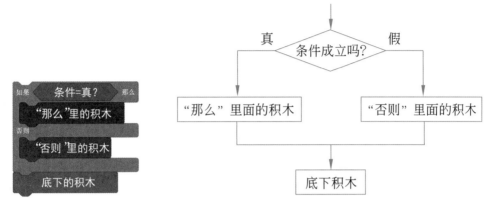

图 19-4　双分支结构和流程

③. 多分支结构（分支的嵌套）

如果条件 1 为真，则执行"如果……那么执行"内的脚本；但若条件为假，则再测试条件 2 是否为真，如果为真，则执行"那么"内的脚本，若条件为假，执行"否则"里的脚本。程序一定执行且仅执行三者之一。多分支的结构和流程如图 19-5 所示。

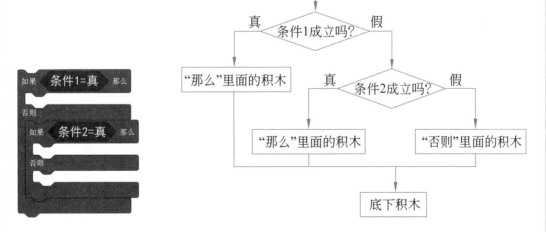

图 19-5　多分支结构和流程

例如，猜数游戏。输入的数字作为回答变量的数值，与程序自动生成的数值 PCnum 进行比较，程序如图 19-6 所示。

如果回答 =PCnum，那么

　　说"恭喜你猜对了"，游戏终止；

如果回答 >PCnum，那么

　　说"大了，请重猜"；

否则

　　说"小了，请重猜"．

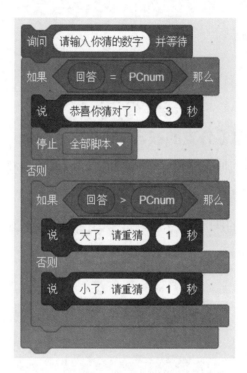

图 19-6　多分支结构编写的猜数游戏

任务 19.2　小猫捉蝴蝶（双分支结构）

　　春天来了，小猫躺在草地上晒太阳，一只蝴蝶飞来飞去，小猫觉得好奇，就去捉蝴蝶。小猫捉到蝴蝶，就说"真漂亮！"；否则，继续捉蝴蝶。使用双分支结构完成此任务。

1. 选择背景和角色

按照之前学习的方法，选择舞台的背景和角色。根据任务主题，从背景库中选择 Forest 为舞台背景，从角色库中选择 Cat 2 和 Butterfly 2 为角色，并调整大小，如图 19-7 所示。

图 19-7　"小猫捉蝴蝶"舞台

2. 编写代码

当单击"运行"按钮后，蝴蝶在草丛中飞来飞去，小猫追逐着蝴蝶，追到蝴蝶就停下来说："真漂亮！"，眨眼蝴蝶又跑了，它又继续朝着蝴蝶追去。

（1）蝴蝶飞来飞去。

让舞台上的蝴蝶跟随鼠标移动，看起来就像在"草地"上飞来飞去。以前的项目中学习过"移到"积木，也编写过类似的程序。使用"移到"积木，循环执行就可以实现。进入蝴蝶角色，编写代码，如图 19-8 所示。

图 19-8　蝴蝶角色代码

（2）小猫的动作。

蝴蝶飞来飞去，小猫的动作是扑蝴蝶，所以它是朝向蝴蝶的方向。用双分支结构描述扑蝴蝶的动作如下：

> 如果碰到蝴蝶，那么执行
> > 说"真漂亮！"
> 否则
> > 面向蝴蝶移动

进入小猫角色，编写程序，如图 19-9 所示。程序中用到的双分支结构在任务 19.1 中有详细介绍，其他的积木在之前的项目中都学习和使用过，此处不再赘述。程序中使用"面向"积木，参数是蝴蝶角色。使用此积木时应该与另一块"面向方向"积木区分。

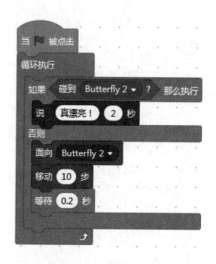

图 19-9　小猫角色动作

3. 程序的调试

单击"运行"按钮，运行程序，观察运行结果。在舞台区域移动鼠标，模拟蝴蝶飞来飞去的效果。可以发现，小猫一直朝向蝴蝶角色移动，当碰到蝴蝶角色时就会说"真漂亮！"。这样，就完成了任务要求。

（1）玩游戏。

移动鼠标，控制蝴蝶飞行，不让小猫捉到蝴蝶。但是，小猫非常聪明灵巧，总是能碰到蝴蝶。

（2）修改参数。

发现小猫角色碰到蝴蝶角色的时候，会停留，动作看起来比较迟缓。这是因为"说"积木时间设置为 2 秒，也就是执行此积木需要在此停留 2 秒，执行完毕才能执行接下来的积木。

为了让动画看起来更连贯，可以缩短此积木的时间参数，如改为 0.3 秒，再次观察运行结果。

任务 19.3　扩展阅读：分支结构的应用

分支结构的执行是依据一定的条件选择执行路径，而不是严格按照语句出现的物理顺序。分支结构程序设计方法的关键在于构造合适的分支条件和程序流程分析，根据不同的程序流程选择适当的分支语句。分支结构适合带有逻辑或关系比较等条件判断的计算，设计这类程序时往往都要先绘制其程序流程图，然后根据程序流程写出源程序，这样做可以把程序设计分析与语言分开，使得问题简单化，易于理解。

下面是一些使用分支结构解决问题的案例，思考能否通过图形化编程解决这些问题。

1. 吃鸡蛋

小勇喜欢吃鸡蛋，他今天吃掉了 x（$0 \leqslant x \leqslant 100$）个鸡蛋。英语课上学到了 egg 这个词语，想用它来造句。如果他吃了 1 个鸡蛋，就输出 Today, I ate 1 egg.；如果他没有吃，那么就把 1 换成 0；如果他吃了不止一个鸡蛋，别忘了 egg 这个单词后面要加上代表复数的 s。通过编程可以完成这个句子吗？

输入样例：1

输出样例：Today, I ate 1 egg.

输入样例：3

输出样例：Today, I ate 3 eggs.

句子里的数字使用变量，每次输出的句式是一样的。判断数字是否小于或等于1，如果小于或等于1，则输出 apple，否则输出 apples。

2. 找出最大数

给出 3 个整数 a、b、c（$0 \leqslant a$，b，$c \leqslant 100$），找出其中的最大数。

输入样例：2,18,5
输出样例：18

可以使用两两比较法，找出较大的数存入结果变量，再与第三个数比较，如果结果变量小于第三个数，那么将结果变量替换为第三个数，否则输出结果变量，即最大的数。

类似地，还可以找出其中的最小数，将数字按从小到大的顺序排列，或者按从大到小的顺序排列。

3. 虫子吃苹果

小李买了一箱苹果，共有 n 个，不幸的是，苹果里混进了一只虫子。虫子每小时能吃掉一个苹果，假设虫子吃完一个苹果之前不会吃另外一个苹果。那么 y 小时后还剩多少个苹果？

输入样例：n=3,y=1
输出样例：2

苹果数量 n 应该大于时间 y，如果 n 小于 y，苹果都被吃光，输出 0，否则将输出 $n-y$。

 ## 任务 19.4　总结与评价

先分组进行总结，分别说出制作过程及体会，并写书面总结。再互相检查制作结果，集体给每一位同学打分。

1. 任务完成大调查

完成项目后在如表 14-1 所示打分表中打√。

2. 行为考核指标

行为考核指标，主要采用批评与自我批评、自育与互育相结合的方法。采用自我考核和小组考核后班级评定的方法。班级每周进行一次民主生活会，就行为指标进行评议，可用如表 14-2 所示评分表进行自我评价。

3. 集体讨论

程序中的分支结构有几种？结合自己做过的项目，说说使用的是哪种分支结构，程序是怎样运行的。

4. 思考与练习

（1）改变任务 19.2 中的角色，重新编写程序，设计类似的小游戏。

（2）为《小猫捉蝴蝶》游戏增加合适的背景音乐。

项目 20　小小游戏设计师

简单地说，游戏设计师的主要职责是将一个想法变成可以实现的设计。每个游戏都有一个有趣、完整的故事情节，还有丰富的角色和舞台。

本项目以"小小游戏设计师"为主题，在之前学习的基础上，完成两个游戏设计任务。除了能够编程实现基本的游戏功能以外，还要注意游戏中角色的形象生动、趣味性以及得分统计等方面的实现。

任务 20.1　小雪人长大了

　　冬天，下雪了，一个可爱的小雪人站在雪地里。小雪人不怕冷，它最喜欢下雪的时候，也最喜欢雪花。雪越下越大，一片片雪花落在小雪人身上，小雪人一点一点地长大了……

　　按照上述想法，设计一款小游戏实现这样的画面。单击"运行"按钮，使用键盘控制"小雪人"左右移动，碰到"雪花"就变大一点。"雪花"克隆自己，从舞台最上方飘落，碰到"小雪人"就消失。

1. 选择背景和角色

　　按照之前的方法选择背景和角色。打开 Mind+ 编程软件，在背景库中选择"冬日"为背景图片，在角色库中分别选择"雪人1"和"雪花"角色。

　　进入"雪人1"的造型编辑画面，选择第 4 个造型。完成后的舞台如图 20-1 所示。

图 20-1 "小雪人长大了"舞台设置

2. 编写代码和调试

分别为两个角色编写代码，需要分清楚角色各自的动作和任务，避免混淆，影响程序运行结果。

（1）雪人角色的代码。

进入"雪人1"角色编辑画面，编写雪人角色的控制代码。角色主要动作包括向左移动、向右移动、大小增加。

左右移动，使用键盘控制。左右移动时，角色只有 x 轴上的数值变化，编写代码，如图20-2所示。

雪人角色只有碰到"雪花"时才会"长大"，使用侦测类的"如果……那么执行"积木。角色的默认大小是100，为了能观察到长大的过程，程序运行开始可以将其大小设置为20。"长大"就是大小的增加，使用"将大小增加"积木，代码如图20-3所示。

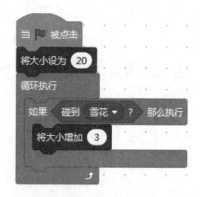

图20-2　雪人角色左右移动代码　　图20-3　雪人角色大小增加代码

（2）雪花角色的代码。

进入雪花角色编程画面，使用克隆的方法让舞台上不断地出现雪花。从之前完成的任务中可以知道，程序包括两部分，即让角色克隆自己的代码和克隆启动时的代码。

在克隆自己这部分代码中控制雪花出现的位置，在克隆体的代码中控制雪花飘落以及消失。

① 克隆自己。在任务18.2中，使用的是"移到随机位置"积木，舞台上随机地布满了草莓。本次任务中，雪花只能从舞台最上方随机出现，因此

雪花既要随机地出现，又要限定在舞台最上方的位置。

在以前的项目中，使用过"移到 xy"积木，直接使用数值设定坐标值。除了直接使用数值作为参数，其他椭圆形积木中的数值都可以作为间接的数值，如图 20-4 中的椭圆形积木。图 20-4 中运算符类的取随机数积木，用于在两个数之间取随机数。

进入雪花角色编辑画面，将蓝色积木的"移到 xy"积木拖曳至编程区，再将取随机数积木拖曳至 x 坐标值的椭圆形中，如图 20-5 所示。

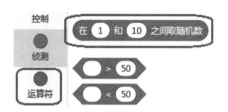

图 20-4　取随机数积木　　　　图 20-5　使用取随机数积木做参数

通过在舞台上拖曳雪花角色判断大概的坐标位置。图 20-5 中参数的含义是，x 坐标值是在 −150 到 150 之间取随机数，y 坐标值是 150。程序运行时可以让雪花角色在舞台上方的"天空"中出现，代码如图 20-6 所示。

② 克隆体启动时。雪花飘落，即向舞台下方移动，移动时只有 y 轴上的数值变化，并且是 y 轴的反方向。当作为克隆体启动时，雪花角色的 y 坐标增加 −3，反复执行，直到碰到"雪人 1"角色。编写代码，如图 20-7 所示。

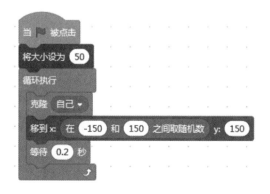

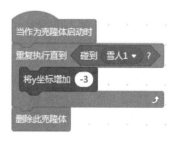

图 20-6　克隆自己的代码　　　　图 20-7　克隆体启动代码

图 20-7 中"删除此克隆体"积木的功能是删除当前克隆体，也就是碰

到"雪人"的雪花。使用"隐藏"积木也可以实现"雪花"消失，自己试一试。

单击"运行"按钮，观察运行结果。"雪花"从舞台上方飘落，碰到"雪人"的时候就消失了，同时"雪人"变大了一点，达到最大值停止。使用键盘控制"雪人"角色左右移动，可以碰到更多雪花。任务完成，实现了预期的视觉效果。

 ## 任务20.2　扩展阅读：网络游戏的是与非

随着互联网的普及，网络游戏逐渐走进人们的生活。网络游戏的利与弊，是与非，不同的人有不同的看法。

网络游戏的好处有哪些？

（1）益智类的网络游戏可以提高智力；

（2）与伙伴有共同话题，有助于建立友谊；

（3）可以相对缓解疲劳，减轻压力；

（4）能带来快乐，愉悦的心情；

（5）参加竞技赛事，为国争光。

既然玩网络游戏有这么多好处，就可以经常玩，甚至为了通关熬夜打游戏吗？任何事情都有正反两方面，有利就有弊。那么，网络游戏的弊都有哪些？

（1）过度地玩游戏会影响工作、学习和生活。小学生长时间玩游戏容易沉迷于虚拟世界，造成学习上的懈怠。

（2）小学生处于身体成长期，长期近距离面对计算机屏幕，影响视力发育，容易近视。

（3）玩网络游戏占用了大量时间，以致没有时间和精力进行社会人际交往。

（4）长期处于虚拟世界，无法融入现实生活，分不清现实和虚拟的差别，生活中遇到困难时容易形成逃避现实的心理。

（5）连续玩游戏数小时，影响身心健康，容易上瘾。

有些网络游戏诱导玩家不断地充值、消费，特别是小学生是非观念不健全，自控能力弱，造成家庭财产巨大损失。有的人连续几十小时，甚至几天持续玩游戏，造成猝死，引发家庭悲剧。

可见，网络游戏不是非玩不可，也不是避之不及。人们反对的不是网络游戏本身，而是"上瘾"，因为沉迷于网络游戏对身心和家庭带来的伤害是巨大的，不可弥补的。中小学生处于身心发育和成长的黄金阶段，也是贪玩、好胜心强、可塑性强的阶段，容易沉迷其中。

正确对待网络和网络游戏，既能玩游戏，又不会产生坏的影响，最重要也是最有效的方法就是个人自律。

（1）限定上网时间，严格遵守上网时间的规定；

（2）寻找替代的爱好，如运动、阅读、手工等，同样能带来快乐；

（3）自己不能约束自己时，请家人和朋友帮助监督；

（4）选择健康有益的游戏。

任务 20.3　总结与评价

先分组进行总结，分别说出制作过程及体会，并写书面总结。再互相检查制作结果，集体给每一位同学打分。

1. 任务完成大调查

完成项目后在如表 14-1 所示打分表中打√。

2. 行为考核指标

行为考核指标，主要采用批评与自我批评、自育与互育相结合的方法。采用自我考核和小组考核后班级评定的方法。班级每周进行一次民主生活会，就行为指标进行评议，可用如表 14-2 所示评分表进行自我评价。

3. 集体讨论

"雪花"碰到"雪人"时会消失，落到"地面"，也就是舞台下边缘的"雪花"不会消失，而是堆积在舞台下方。使用图 20-8 所示的"或"积木修改程序，实现"雪花"碰到"雪人"或者碰到舞台边缘时都会消失。

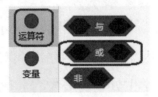

图 20-8 "或"积木

4. 思考与练习

使用其他舞台背景和角色，创作类似的小游戏。

项目21 哨子旅行

　　哨子吹响的那一刻是多么的让人快乐，童年是那样的单纯和美好。带上哨子去旅行，旅途中的每一处风景都是难忘的。

　　本项目学习使用复制、粘贴的方法，将两个造型组成一个新的造型，学习切换背景和添加背景音乐，使用取随机数积木让旅行中的脚步随意和轻松。

任务 21.1　旅行剪影动画

哨子去了很多地方旅行，制作一个关于旅行的动画。一开始，哨子在舞台左边，单击"运行"按钮执行程序，哨子向前走起来并变换造型。如果碰到小绿旗，就切换下一个背景，哨子重新回到起点，又向前走起来，如此循环。

1. 选择背景和角色

按照任务要求，需要添加两个角色，即"哨子"和"绿旗"。打开软件，进入角色库，搜索"裁判员"就会出现"哨子"图片，单击角色图片添加角色。按之前的方法，修改角色名称为"哨子"。按同样的方法找到"绿旗"角色，并添加到角色列表。

本任务要添加多个背景，才能够实现背景切换。哨子可能去哪些地方旅行呢？按照自己的想法，依次从背景库中选择背景图片。

单击背景区域可以看到已选择的背景列表，如图 21-1 所示，选择了 6 张户外图片，当然还可以选择更多。默认的"白板"背景，可以在背景列表中删除。

图 21-1　添加多个背景

2."哨子"的新造型

在角色列表区单击"哨子"角色图标,单击造型选项卡,可以看到哨子角色共有 4 个造型。如果"哨子"能戴上一顶遮阳帽就更酷了。怎样给"哨子"戴上帽子呢?单击左下角的"选择一个造型"图标,在弹出的列表中选择 hat-c,将帽子造型添加到造型列表,如图 21-2 所示。

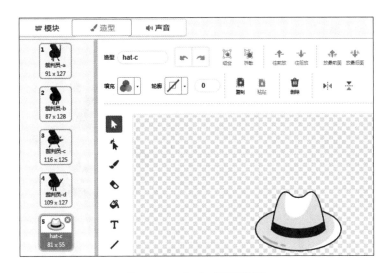

图 21-2　添加帽子造型

使用选择工具选中帽子整体,单击编辑区上面的"复制"按钮,如图 21-3 所示。

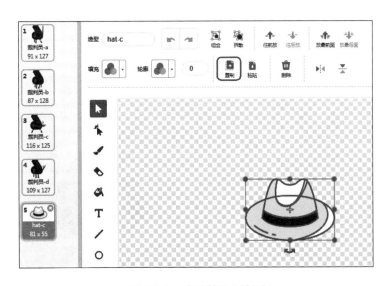

图 21-3　复制帽子造型

选择"哨子"的第1个造型，单击"粘贴"按钮，刚才选中的"帽子"就会出现在此造型中，如图21-4所示。拖曳帽子造型到合适的位置，完成后单击空白处即可。

图 21-4　粘贴帽子造型

将"帽子"粘贴到"哨子"每一个造型上。这样，就完成了"哨子"的每个造型都戴上了"帽子"。完成后，删除之前添加的帽子造型，如图21-5所示。

图 21-5　戴上"帽子"

3. 编写代码

单击"模块"标签页，在角色列表中单击哨子角色，开始编写控制程序。"哨子"的动作包括从左向右移动和变换造型。背景的控制包括如果碰到"绿旗"角色就切换背景，添加背景音乐。

（1）哨子角色的移动。

使用鼠标将哨子角色移动到舞台最左边，让"哨子"动起来，可以使用"移动＊步"积木。使用取随机数积木作为移动积木的参数，可以让角色在移动时的步数是随机的，步伐可大可小，动作看起来更加自如。编写出哨子角色移动的代码，如图 21-6 所示。

（2）切换背景和返回起点。

当"哨子"碰到"绿旗"时就切换背景，同时发生的动作还有"哨子"回到起点，也就是舞台左侧。切换背景的积木属于外观类，与"下一个造型"积木类似，即"下一个背景"积木，如图 21-7 所示。

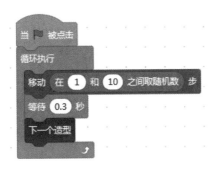

图 21-6　哨子移动代码

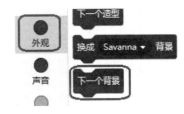

图 21-7　"下一个背景"积木

回到起点使用的是"移到 xy"积木，按照之前学习的方法，修改坐标参数就可以实现。在图 21-6 所示的代码基础上，继续编写此部分程序，如图 21-8 所示。

编写完成后，可以单击"运行"按钮，测试程序。可以看到，"哨子"从舞台左侧向右侧移动，步伐时快时慢，碰到右侧的"绿旗"时，就回到起点，同时切换背景，如此循环。

（3）添加背景音乐。

没有背景音乐的动画是没有吸引力的，给"哨子的旅行"配上一段轻松欢快的乐曲。按照之前学习的方法，选择一个声音，如"自由"这段乐曲。

返回程序编辑画面，使用"播放声音等待播完"积木，选择"自由"，添加背景音乐，并循环执行。代码如图 21-9 所示。

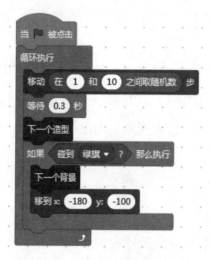

图 21-8　切换背景和返回起点

图 21-9　背景音乐代码

单击"运行"按钮，观察运行结果。添加了背景音乐的旅行剪影动画更有观赏性，看起来"哨子"的旅行更加快乐了。

修改造型切换时的等待时间，观察程序运行结果。

如果将舞台中心点作为起始点，"哨子"每次都从中心点开始移动，怎样修改程序呢？

更换背景音乐，体会不同的背景音乐带来的感受有什么不同。

任务 21.2　扩展阅读：旅行的意义

关于旅行，你能想到什么？去一些地方，看一些人和事，是因为那里好玩、有没吃过的美食？你会提前做好攻略，做好万全的准备再出发，还是说走就走，不做什么计划？

每个人想要的不一样，去旅行或者旅游的目的也是不一样的。作家三毛的《万水千山走遍》是她游历南美洲时所写，除了风土人情、异国美景，她在书中传递更多的是她独有的旅行观。梁实秋的散文《人这一生，为什么一定要去旅行》记录了他所认为的旅行的乐趣。蒋勋的散文《旅行的意义是什么》从自身经历说起，强调旅行的重要性和对人生的意义。

旅行的意义是什么

蒋勋　文

其实我不太讲旅行或旅游，我常常用的一个词是"出走"。人在一个环境太久了、太熟悉了，就失去他的敏锐度，也失去了创作力的激发，所以需要出走。

我 70 年代在欧洲读书，那时候我写关于文艺复兴的艺术史，老师问我："你有没有去过意大利？"我说："还没有。"他说："你没有在米开朗基罗的雕像前热泪盈眶，你怎么敢写他？"

后来我在意大利跑了一个月。身上就是一个背包，两件衬衫。我也曾经睡火车站，那时候坎城的火车站是一片年轻人睡在里面。

他们问我："你怎么没带报纸？要铺报纸的。"他们就分给我。早上五点，警察带了一大桶的咖啡，当，当，当，敲着桶，叫醒大家，请大家喝完咖啡离开，火车站要营运了。

不要问该准备什么？先问你爱什么？

……

我希望"壮游"，带动的是年轻人走出去，打出一片天。如果今天不能打出一片天，将来一辈子也不会有出息。

……

此外，"壮游"的"壮"字，不只是炫耀。壮这个字，包含了一个深刻的、跟当地文化没有偏见的对话关系。

旅游是很大的反省，是用异文化去检查自身文化中很多应该反省的东西。比较里面，才能了解文化的不同，没有优劣。

……

我觉得，人不可能没有主观，慢慢在旅游过程中修正自己的偏见跟主观，才是好的旅游。

......

在一个环境久了，不但爆脑浆、爆肝，还会变得"僵化"与"麻木不仁"。

出走当然是一个很棒的选择，若短期无法成行，阅读、手作、聊天、学习、陪伴、分享、运动、散心、唱歌、画画……也是很不错的方法。

只要能让生活比重发生变化，就会改变生活质量，避免脑子僵化、心灵麻木。

有多久没抬头看看天、看看路边的小花小草、听听在行道树上吱喳的小鸟？就从这个简单的改变开始吧！

 ## 任务 21.3　总结与评价

先分组进行总结，分别说出制作过程及体会，并写书面总结。再互相检查制作结果，集体给每一位同学打分。

① . 任务完成大调查

完成项目后在如表 14-1 所示打分表中打√。

② . 行为考核指标

行为考核指标，主要采用批评与自我批评、自育与互育相结合的方法。采用自我考核和小组考核后班级评定的方法。班级每周进行一次民主生活会，就行为指标进行评议，可用如表 14-2 所示评分表进行自我评价。

③ . 集体讨论

除了本次任务中"哨子"碰到"绿旗"就返回起点和切换背景，还有哪些方法能实现这样的控制效果？

④ . 思考与练习

一个人的旅行有点太孤单，哨子想邀请好朋友一起去旅行，编程帮哨子实现这个梦想。

项目 22　弹　弹　球

　　舞台上方整齐排列着两排"砖块"，一只"弹球"在舞台上来回弹跳，向上弹起碰到"砖块"时，"砖块"会消失，得分增加1分。落下来碰到"挡板"，控制"挡板"移动，碰到"弹球"时，"弹球"就会跳得更高，更容易碰到"砖块"。

　　本项目运用熟悉的积木完成新的任务，学习制作这样的小游戏，重点在于舞台的设计和编程的思维。从游戏设计师和用户两个角度，发现作品中的问题，思考并完善更多细节。

任务 22.1 弹 球 游 戏

编写代码控制角色之前，首先要进行舞台设计，选择舞台背景和角色。按照项目中对游戏的描述，分别选择砖块、弹球和挡板角色。分析和设计出各角色的动作要点如下。

（1）弹球的动作要点：面向舞台上方弹出、碰到边缘时反弹、碰到挡板面向砖块方向弹出、碰撞时发出声音。

（2）砖块的动作要点：两排显示、每一个砖块被弹球碰到时就消失、得分置 0、得分增加 1 分、碰撞时发出声音。

（3）挡板动作要点：左右移动。

所有动作都在单击"运行"按钮后开始运行。

①. 添加背景和角色

为使角色更加突出，背景画面应当选择较为简单的图片，如"群星"图片。打开软件进入背景图库选择此图片。

进入角色库，发现并没有以任务中要求的这些角色名称命名的图片，此时可以选择形状相似的图片作为角色，并适当修改角色大小。

选择图片"方形按钮"作为砖块角色，并修改名称为"砖块"，修改大小为 60。

选择图片"球"作为弹球角色，并修改名称为"弹球"，修改大小为 40。

选择图片"桨"作为挡板角色，修改名称为"挡板"，使用默认大小 100。

完成后参考图 22-1。

②. 弹球的代码

弹球的控制可以分为 3 部分，分别是初始设置、碰到舞台边缘时和碰到挡板时。将弹球的控制代码分解后逐个编写。

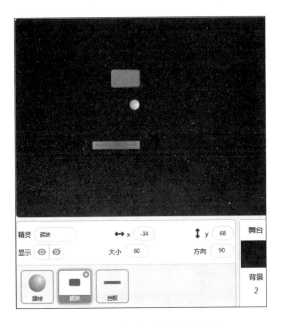

图 22-1 添加背景和角色

（1）初始设置。

为弹球指定一个起始位置和面向方向，当单击"运行"按钮时弹球将以此状态开始。起始位置靠近舞台中间位置，弹球面向舞台上方，无须指定准确数值，因此面向方向是在一定范围内的随机值。按照这样的思路编写控制代码，参考图 22-2。

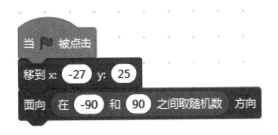

图 22-2 弹球初始位置

（2）碰到舞台边缘和挡板。

弹球初始状态完成后就可以在舞台上移动了，这是一个循环运行的过程，过程中可能会碰到舞台边缘，也会碰到挡板。

使用循环执行模块为循环模式，使用"移动"积木和"碰到边缘就反弹"积木，如果碰到挡板就发出撞击声并改变运动方向。碰到挡板时弹球面向哪个方向弹出也是在一定范围内的随机数。

按照以上思路，在图 22-2 所示代码基础上继续编写弹球的代码，参考图 22-3。

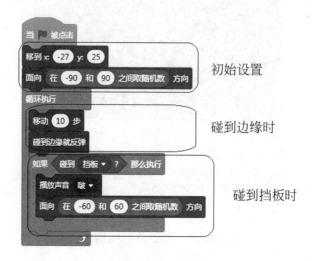

图 22-3　弹球的代码

③. 砖块的添加和控制

如图 22-1 所示，完成了背景的选择和单个角色的添加，还需要复制和排列砖块，才能完成任务要求的"两排砖块整齐排列在舞台上方"。

所有砖块的形状、大小和控制要求都是一样的，只是位置不同，使用复制角色的办法完成砖块的添加。这部分的基本思路是先完成一个砖块的控制，再进行角色复制，改变其中的坐标参数就可以很快完成全部砖块的添加和控制。

（1）砖块的初始化。

根据砖块的动作要点，可以设计出砖块初始化，包括坐标位置、显示、得分置 0。图 22-1 中的砖块角色的坐标值并不确定，只要放到舞台左上方就可以。在编写这部分代码之前，按之前的方法，在变量模块中新建一个名为"得分"的变量。

按以上分析拖曳相关积木至编程区，并修改坐标值为（−200，130），如图 22-4 所示。单击此块积木，砖块角色就会移到对应的坐标位置。

（2）砖块碰到弹球。

砖块角色是固定的，等待弹球的碰撞。在砖块的控制中，每次砖块与弹球相碰，此砖块就会消失（隐藏），同时得分 +1 并发出碰撞声。

继续图 22-4 所示的代码，编写一段碰到弹球时的循环体，代码如图 22-5 所示。

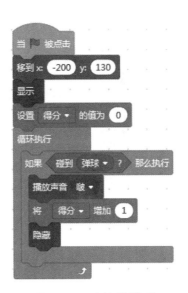

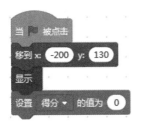

图 22-4　砖块初始化　　　图 22-5　砖块的代码

（3）复制砖块。

所有砖块的形状、大小都是一样的，只是位置不同，使用复制角色的办法完成砖块的添加。按照以前学习的方法，右击角色列表中的砖块图标，在弹出的菜单中选择"复制"命令，就会连同角色代码在舞台上复制出一个一模一样的砖块角色，名称为"砖块 2"。

将两个砖块并排摆放，不能重叠，*x* 坐标需要变大（向右移动），*y* 坐标不变。以砖块角色坐标为参考，修改"砖块 2"中的"移到 *xy*"积木的坐标值，（−140，130）较为合适。即两个并排摆放的砖块角色 *x* 坐标相差 60。执行一次"移到 *xy*"积木块，两个砖块角色并排摆放，如图 22-6 所示。

可以看到砖块角色的代码和"砖块 2"角色的代码是一样的，除了坐标位置以外。

按同样的办法依次复制更多砖块，并排摆放 7 块，按照位置规律修改坐标值，完成第一排砖块角色的添加和放置。

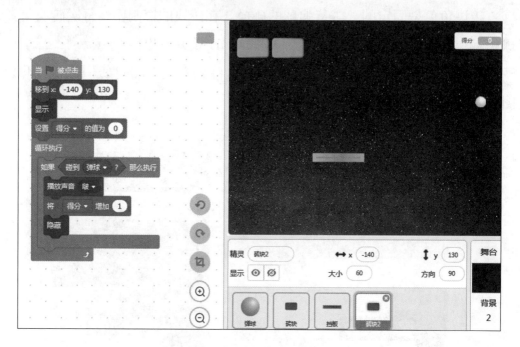

图 22-6　放置"砖块 2"角色

在此排砖块的下方再添加一排砖块，完成后，舞台上有 14 个砖块角色。仍然采用复制和修改坐标值的方法。自己试一试，发现其中的规律。完成后的舞台如图 22-7 所示。

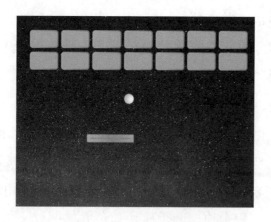

图 22-7　完成两排砖块

4．挡板的代码

挡板角色只在水平方向（x 方向）移动，y 方向的坐标是固定不变的。

首先需要为挡板角色指定一个 y 坐标值。

挡板角色放置在舞台靠下的位置，使用"将 y 坐标设为"积木设置角色的 y 坐标，如图 22-8 所示。在之前的项目中使用过"将坐标增加"积木控制角色移动，"将坐标设为"积木可以分别直接设置角色的坐标值，包括 x 坐标和 y 坐标。

左右移动的控制方法在之前的项目中已有多次使用，本任务中使用"如果……那么执行"积木和"循环执行"积木来实现。编写挡板的控制代码如图 22-9 所示。

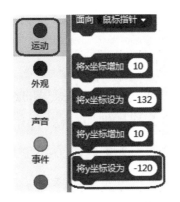

图 22-8　"将 y 坐标设为"积木

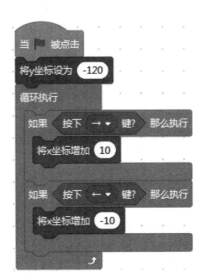

图 22-9　挡板的代码

5. 调试

单击"运行"按钮，观察运行结果。小球在舞台上向随机方向弹出，碰到舞台边缘就会反弹，碰到"砖块"时，得分 +1，直到所有"砖块"都被击中。

此时，小球仍然在舞台上随机弹出，不会停止，除非单击"停止"按钮。

可按下面的方法调试程序。

增加得分。舞台上的小球每碰到一个砖块得分增加 1，修改相关参数，每碰到一次得分增加 2。

任务22.2　扩展阅读：坚持的力量

　　每个人的学习和生活都不可能永远一帆风顺，在遇到困难想要放弃的时候，当你觉得编程有点难，学不会时，请告诉自己再坚持一小会儿，再坚持一天，坚持就是力量。

　　成功在于坚持，在某个方面，只要坚持，就有成果。《坚持的力量》是清华大学的英语神厨张立勇老师于2009年10月出版发行的一本书。该书讲述了作者从一名京城务工农家子弟升格为清华大学"英语神厨"的过程。此书荣获冰心儿童文学奖、北京市第二届优秀图书奖，被教育部、团中央、新闻出版署评为全国青少年最喜欢的图书，入选国家新闻出版署向全国青少年推荐的百部优秀图书。

　　比这本书的内容更精彩的是作者个人的成长经历。

　　1992年秋，高二开学刚刚一个月，张立勇便辍学了。"家里的经济条件不太好，那年刚盖了3间新土坯房，盖房子的钱全都是借的，大概有几千块吧。尽管父母节衣缩食，但家里的光景还是一天不如一天，有时穷到向人家借米借面……新盖的房子很快就漏雨了，可这时家里再也拿不出钱来修补，别人家也不愿再借钱给父亲了……"看着父母日夜操劳的背影，想想那笔压在一家人头顶上的巨债，作为家里的长子，张立勇不得不辍学。父母坚决不同意张立勇辍学，父亲说再难也要供他。母亲也说："你不上学，以后考大学就没指望了"。张立勇安慰两位老人道："先出去打一段工，大学以后有时间还可以再考的……"其实，这一次选择辍学，他自己也不知道以后还有没有机会再走进校园，再重拾心爱的课本了。

　　1993年，张立勇揣着几本高中课本南下广州，开始了他的打工生涯。张立勇先是落脚在一家竹艺厂，一天12个小时在流水线上，工资却少得可怜，而看书的时间更是奢望。不久，他又进入一家中外合资的玩具厂，因为这里的玩具都销往国外，所以订单、包装等都是英文字母，看不懂这些外国文字，玩具的尺寸、颜色、填充物要多少等都无法确定，更无从下手。张立勇从帆布包里掏出了高中英语课本，又买来英语词典当助手，对照着包装箱上的英文，再翻译出汉字来。这个时候的张立勇开始感受到了英语的重要性。

因为学习氛围的缺乏，张立勇最终离开了夜生活丰富的广州，1996年6月，不想浪费时间的张立勇通过一位老家亲戚的介绍来到北京，成为清华大学食堂的一名切菜工。这对他而言，是一个可以边工作边学习的好地方。尽管待遇要比广州低一些，但是张立勇说："只要能维持我的学习和生活，有一个氛围和环境让我学习，就足够了"。能上清华大学是张立勇曾经的梦想。如今，这个梦想实现了，虽然他是以另一种身份跨进的这座象牙塔，但终归站在了清华园的这片芳草地上，就像触摸着它温热的肌肤一般，与它一同呼吸，一同生长……

的确，对张立勇而言，这真是一个"如鱼得水"的好地方。清华大学校内一间4平方米的小屋就是张立勇的住所。张立勇每天早上4点多起床，每天坚持自学七八小时，有时候学到深夜一两点。无论是寒冬腊月还是酷暑炎夏，他对英语的学习从来都没有中断过。在自己的床头，张立勇用毛笔写着"克己"和清华大学的校训"行胜于言"，以告诫自己不许偷懒。

食堂规定，在给学生卖饭之前，厨师们先吃，吃饭时间只有15分钟，结果张立勇在7分钟吃完饭，余下8分钟躲到食堂后面一个放碗柜的地方背英语课本。有很多同事觉得张立勇这种行为简直让人难以理解。"大学生能通过正规的、系统的方式来学习英语，而我只有通过自己的渠道。"张立勇和这里的大学生不一样，这里的大学生有的是时间，而且能正规学习，而张立勇只有不断地利用时间，一分一秒都不能放过……英语也可以随时随地学，方便面的包装袋、调料包上都有中英文对照，如糖、盐之类，然后张立勇在卖饭的时候操练英语，以锻炼自己的胆量。因为没法和普通大学生一样通过正规系统的学习，张立勇只能买二手的书、二手的磁带、听一台十分普通的收音机，这被他认为是"节俭式英语学习法"。

张立勇几乎把所有的时间都用在学英语上。每当他看了一个晚上的电视，节目又不是特别有意思的话，他就会感到特别后悔，"完了，今天晚上又浪费一晚上的时间，又没做事。"其实他也想到清华大学院内跳跳舞、看看电影，生活会过得好些，但他最终还是坚持不去那些场所。"张立勇在清华大学食堂期间，通过自学英语10年，通过国家英语四、六级考试，托福考了630分，被清华大学学生称为'馒头神'"。

他的事迹曾被新华社、《人民日报》、《中国教育报》、中央电视台、《新闻联播》《东方时空》、《面对面》、北京电视台、上海东方电视台、中国教育电视台、《西部教育》、《同在蓝天下》、《家长俱乐部》、中央人民广播电台、中国国际广播电台、中国香港凤凰卫视《鲁豫有约》、中国香港《大公报》、中国台湾东森电视台、中国台湾 TVBS 电视台、中国台湾《联合报》、美国《世界日报》、英国《金融时报》、新加坡《联合早报》等近 500 家媒体采访报道。

（本文内容来自网络。）

任务 22.3　总结与评价

先分组进行总结，分别说出制作过程及体会，并写书面总结。再互相检查制作结果，集体给每一位同学打分。

1. 任务完成大调查

完成项目后在如表 14-1 所示打分表中打√。

2. 行为考核指标

行为考核指标，主要采用批评与自我批评、自育与互育相结合的方法。采用自我考核和小组考核后班级评定的方法。班级每周进行一次民主生活会，就行为指标进行评议，可用如表 14-2 所示评分表进行自我评价。

3. 集体讨论

舞台上的砖块被撞击后就消失了，修改程序，让砖块被撞击后在原位置上换成其他造型，如星星，或者其他造型。

4. 思考与练习

修改程序，当所有砖块都被击中后，小球自动停止运动。

提示：砖块被击中得分 +1，最终是 14 分。当得分变量 =14 时，就停止循环。在弹球角色程序中，使用"重复执行直到"积木替换"循环执行"积木。

项目 23　诗 词 动 画

　　动画制作是一种综合艺术，也是一门技术。从技术上说，就是将一幅幅图片拍摄下来，再按照一定的顺序连续播放，如果配上声音，就能达到声音和图像同时播放的效果。

　　本项目学习诗词的动画制作，涉及绘制造型、上传声音、声音和图形配合等技巧和方法。

任务 23.1　古诗《春晓》的动画

《春晓》是诗人孟浩然隐居鹿门山时所作，诗人抓住春天的早晨刚刚醒来时的一瞬间展开描写和联想，生动地表达了诗人对春天的热爱和怜惜之情。全诗如下：

春　　晓

孟浩然

春眠不觉晓，处处闻啼鸟。

夜来风雨声，花落知多少。

单击"运行"按钮，开始播放背景音乐，随后开始播放朗读声音，按照古诗名、作者、诗句的顺序依次出现在舞台的指定位置，并与朗读速度相互配合，朗读结束后背景音乐停止。

1. 设置舞台背景

打开编程软件，先删除不需要的角色。接下来，设置舞台背景。可以直接使用背景库中的图片，也可以从计算机中上传已有图片，还可以到网络上下载合适的图片，再从计算机上传至程序。

（1）上传背景图片。

首先下载图片并保存在计算机中，记住保存的位置。打开 Mind+ 软件，新建项目，删除不需要的角色。将鼠标移动至背景库图标上暂留，在弹出的菜单中选择"上传背景"命令，如图 23-1 所示。

然后，弹出一个对话框，找到图片保存的路径，选中要使用的图片，单击"打开"按钮即可将图片上传为舞台背景。

（2）上传背景声音。

背景声音就是这首古诗朗诵的声音，需要上传或者录制。完成舞台背景图片选择后，进入舞台的"声音"编辑界面。鼠标暂停在画面左下角的"选

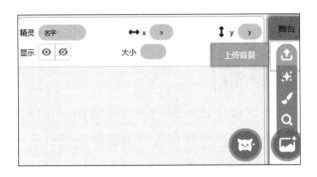

图 23-1　上传背景图片

择一个声音"图标上，在弹出的菜单中选择"上传"命令。上传声音的方法
与上传图片的方法类似，需要计算机中有保存这段声音的文件，完成后如
图 23-2 所示，声音文件就出现在左侧列表栏中。

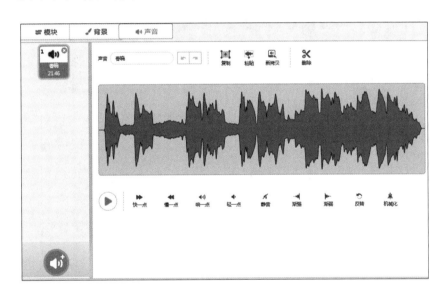

图 23-2　上传声音文件

（3）播放声音。

想要程序执行时能够播放这段声音，还需要编写程序，如图 23-3 所示。

图 23-3　播放朗读声音

2．设置角色

根据任务描述，在舞台上依次出现的分别是古诗名、作者名和古诗内容，这些文字就是需要控制的角色。

角色库中当然没有这首诗，需要绘制这些角色。在以往的项目中，学习过编辑角色的造型，绘制角色也是在造型编辑界面进行。

（1）绘制古诗名。

移动鼠标至"角色库"图标暂停，在弹出的菜单中选择"绘制"（毛笔图标）命令，进入角色造型编辑界面。首先设置填充颜色为"红色"，再选择文本按钮，编辑区会出现蓝色闪动的光标，输入古诗名"春晓"，如图 23-4 所示。

图 23-4　绘制古诗名

在文本上单击以选中该文本，当文本周边出现缩放框时，按住鼠标左键拖曳至合适的大小。

完成后单击编辑区空白处，通过观察舞台上的显示效果，再进行调整。

（2）绘制其他角色。

按照绘制古诗名所述的方法，完成其他角色的绘制。古诗内容共有 4 句，将每一句绘制为一个角色。也可以使用复制角色的方法，复制完成后，再修改文字内容和大小。

所有角色绘制完成后调整文字位置，按照书写格式排版，完成后的舞台效果如图 23-5 所示。

每一个角色就像是动画的一帧图片，接下来就要编写程序，让这些图片自动连续播放。

图 23-5 角色绘制完成的舞台效果

3. 编写代码

角色添加完成，需要编写控制程序，让每个角色按照一定规律动作，才能实现动画的效果。

单击"运行"按钮，每个角色以怎样的方式移动到舞台固定的位置呢？实现的过程是单击"运行"按钮，将该角色隐藏，并移动到舞台边缘，等待一段时间，显示并滑行到指定位置。这样，程序运行的时候，所有角色都会消失，随后按时间顺序出现在舞台上。

（1）古诗名角色的程序。

根据任务要求，设计出古诗名角色的动作要点：隐藏、从舞台下方开始滑行、等待、显示、滑行到指定位置。

相关的积木有"隐藏""移到 xy""显示""在 * 秒内滑行到 xy"。"在 *

秒内滑行到 *xy*"积木是一块新的积木，如图 23-6 所示。其他积木的使用方法不再具体描述。

①"在 * 秒内滑行到 *xy*"积木。这块积木的作用是让角色在规定的时间内滑行到指定的坐标位置，积木中有两类参数，分别是时间和坐标值。使用时拖曳此积木至编程区，根据需要直接修改参数即可。

②坐标值。单击古诗名角色图标，按以上思路编写程序，如图 23-7 所示。其中，"移到 *xy*"积木中的坐标值指的是该角色从哪个位置开始滑行，"在 * 秒内滑行到 *xy*"积木中的坐标值指的是最终位置。

滑行的起始位置不是固定的，可以从舞台边缘的任何位置开始。为了使动画效果看起来整齐美观，最好都从舞台下方大致相同的位置开始。

最终位置就是完成后每个角色在舞台上的位置，在舞台下方的编程区可以查看。

运行此部分代码，可以看到"春晓"两个字消失了，然后在舞台下方出现，并滑行到指定的位置。

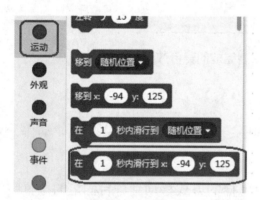

图 23-6 "在 * 秒内滑行到 *xy*"积木

图 23-7 古诗名的程序

（2）其他角色的程序。

其他角色的控制思路与古诗名是类似的，只需要修改时间参数和坐标值参数。按照之前学习的方法，将图 23-7 所示的程序复制到各角色，再修改时间和坐标参数。完成后的程序参考图 23-8。

查看各角色程序就可以发现，每个角色的控制过程是一样的，只有等待时间和坐标位置的区别。等待时间的设置是为了让诗句出现的时间与朗读的

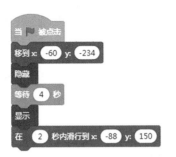

(a) "作者名"的程序

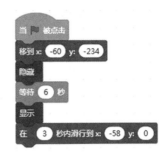

(b) 第一句程序

(c) 第二句程序

(d) 第三句程序

(e) 第四句程序

图 23-8　各角色的程序

声音匹配，这样才有动画播放的效果。

　　单击"运行"按钮，观察运行结果。结果是一段完整的古诗朗读动画，首先听到背景音乐，同时古诗内容滑行出现在舞台上，随后听到朗读古诗的声音。

　　音画同步的调试结果如下。

　　古诗的各部分，即各角色同时出现在舞台上，再开始朗读。修改程序，让古诗各部分和朗读古诗的声音同步出现。通过调试修改时间参数，实现声音和画面的同步。

 ## 任务 23.2　扩展阅读：朗诵技巧

　　如果要学习朗诵技巧，诵读诗歌是必不可少的环节，诗歌朗诵好了，才能更好地朗诵句段、文章，所以说诗歌朗诵是学好朗诵的基础。诗歌朗诵可大体分为古诗词朗诵、现代诗歌朗诵和歌谣诗朗诵三大类。

　　首先介绍古诗词的朗诵技巧。

古诗词由于其言简意深的特点，所以在朗诵时有 3 点要求：①理解写诗的目的；②注意每个字都要发音清晰；③一定要读出诗的节奏。

如《春晓》，前两句是写诗人早上醒来后看到的景物，朗诵时要用柔和、舒缓的语调，音量不要过大。"处处闻啼鸟"的"鸟"字的尾音可稍向上扬，表现鸟语花香的明朗景象。后两句写诗人想起昨天夜里又刮风又下雨，不知园子里的花被打落了多少。在读"花落知多少"时，要想象出落花满园的景象。可重读"落"字，再逐渐减轻"知多少" 3 个字的音量，表现出诗人对落花的惋惜心情。此外，每行诗句都可处理为 3 处停顿来体现节奏：春眠 / 不觉 / 晓，处处 / 闻 / 啼鸟……念到"晓""鸟""少"时，字音要适当延长，略带吟诵的味道，使听众能感觉到诗的音韵美和节奏感。

接下来介绍现代诗歌的朗诵技巧。

现代诗形式自由，意涵丰富。朗诵时不必拘泥于格式，但要理解诗意，也就是要声随情动。在朗诵时要能领会诗的意境，感受作者的写作意图，从而激起朗诵者与诗的内容相对应的感情，再恰当地掌握重音和停顿，朗诵时就会感情充沛，节奏鲜明，使听众受到强烈的感染。

如《我的"自白"书》，这首诗既是一个共产党员崇高内心世界的真实写照，又是对蒋家王朝必然灭亡的庄严宣判。在朗诵这首诗的时候，要表现出作者视死如归的英雄气概和对敌人极端蔑视的口气，语调要高昂有力。就像诗中"哪怕胸口对着带血的刺刀！"这句，"血"字的尾音要稍微拖长，并且往下降，表现出对敌人残酷屠杀的轻蔑。还有"毒刑拷打算得了什么"一句，要读出反问的语气。诗读到最后要感情奔放，语调昂扬，要表现出共产党人誓与敌人斗争到底的英雄气概和坚信革命必胜的乐观主义精神。

最后介绍歌谣诗的朗诵技巧。

歌谣诗基本上是针对少年儿童而创作的诗歌，一般想象新颖、奇特，能充分展现少年儿童聪慧敏捷的思维特点，因而充满纯真稚嫩的儿童情趣。这就要求朗诵时要结合儿童天真、顽皮的特点，语调或轻快，或绵软；肢体、眼神可适当辅以动作配合；注意停顿，给小听众留下联想和回味的余地。

如《向日葵》，这首诗开始朗诵时"不知 / 太阳上 / 有啥 / 秘密"，这句要体现出孩子天真有趣的疑问，到底什么秘密？速度不能太快，要注意自然停顿，以引起小听众的思考。重音应落在"不知""秘密"上，尾音可以适当拖长。第二句"白天仰着脸，夜晚低着头"这两句声音应一升一降，增强对比，突出思考的过程。第三句"好奇"用重音，以突出孩子的天真，"思来想去"声音渐弱渐收，充满联想。

诗歌朗诵时，除了不同类型诗歌的朗诵技巧需要掌握以外，还要根据诗歌的基本节奏采取相应的速度。就一首诗来说，朗诵速度不是固定不变的，要根据表现作品内容的需要来决定，并具有一定的变化。只有综合地运用声音的强弱、速度的快慢，有对比、有起伏、有变化，才能使听众犹如聆听一曲美妙的乐章……

（本文内容来自网络。）

 任务 23.3　总结与评价

先分组进行总结，分别说出制作过程及体会，并写书面总结。再互相检查制作结果，集体给每一位同学打分。

1. 任务完成大调查

完成项目后在如表 14-1 所示打分表中打√。

2. 行为考核指标

行为考核指标，主要采用批评与自我批评、自育与互育相结合的方法。采用自我考核和小组考核后班级评定的方法。班级每周进行一次民主生活会，就行为指标进行评议，可用如表 14-2 所示评分表进行评价。

3. 集体讨论

学习了一些朗诵技巧后,是否会有所收获呢? 为大家朗诵一首古诗词吧。

4. 思考与练习

（1）将 4 行诗句绘制为 1 个角色，编写程序，观察运行结果。

（2）让任务 23.1 中的动画在运行时根据诗句内容变换背景。

项目24 做　加　法

　　加法是将两个或者两个以上的数、量合起来，变成一个数、量的计算。做加法时使用 + 将各项连接起来。使用加法可以进行求和计算、平均数计算、周长计算等。

　　加法是数学中 4 种基本运算之一，另外还有减法、乘法和除法。本项目学习制作加法计算器，编程计算三角形周长，使用到的积木包括变量积木、说积木、询问积木等，学习如何编写较复杂的计算结果表达式。

任务 24.1　点点做加法

　　可爱的点点是一只聪明的小狗，它的大脑可以做非常复杂的加法计算。当然，首先需要为它编写加法计算程序，这样点点就能展示它精彩的算术本领了。

　　打开编程软件，自由设置舞台背景，选择"点点"为角色，或者选择其他的角色都可以。参考图 24-1。

图 24-1　点点的舞台

1. 两个加数的加法

　　让点点从简单一点的加法开始吧，计算两个加数的加法。单击"运行"按钮，点点非常友好地打招呼："我会做加法，请出题吧！"输入第一个加数并确认，再输入第二个加数并确认，点点就会立刻给出计算结果。

　　（1）新建变量。

　　任务需要用到两个变量，即加数 1 和加数 2。按之前学习的方法，在变量类模块中，单击"新建变量"按钮，分别新建这两个变量。完成后，变量名称会显示在舞台左上角。

（2）询问积木。

询问积木是侦测类指令。询问一个问题之后，接收的数据存储在"回答"中，如图24-2所示。积木中白色椭圆框内是要询问的内容，根据问题进行修改。

当使用询问积木问"第一个加数是多少？"的时候，舞台下方会弹出数据输入框，输入数值并确认后，这个数值被暂时存储在"回答"中，使用"设置加数1的值为回答"指令就可以将"回答"中的数据存储到变量"加数1"中了，如图24-3所示。

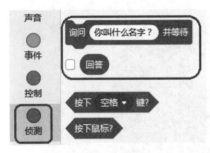

图 24-2　询问积木

图 24-3　询问并存储数值

因此，可以将"回答"看作一个暂时存储的容器，用来暂时收集和存储询问的回答。至于怎样使用这些数值，则要根据任务的需要编写程序。

（3）编写加数存储程序。

按照上述思路编写打招呼和加数存储的程序，程序参考图24-4。运行此代码，按点点角色的指引输入数值，可以看到，输入的数值被存储在变量加数1和加数2中，如图24-5所示。

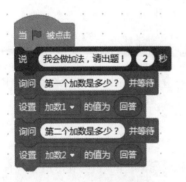

图 24-4　加数存储程序

图 24-5　显示加数

（4）计算积木。

获得两个加数之后，使用加法运算就可以得出结果。加法计算积木在运算符类模块中，如图 24-6 所示，共有 4 种基本运算积木。

计算积木中的椭圆框内是参与计算的两个数，本任务中分别是加数 1 和加数 2。使用说积木将计算结果显示出来，将加法计算积木作为说的内容。继续编写代码，如图 24-7 所示。

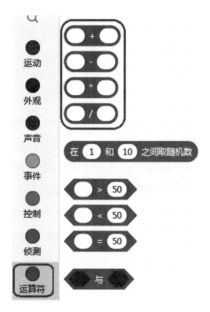

图 24-6　基本运算积木

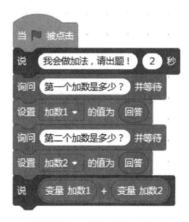

图 24-7　表达计算结果

（5）合并积木。

运行图 24-7 所示的程序，发现点点最终直接说出一个数字，也就是加法计算结果。使用合并积木让点点说："汪，这两个数字的和是："和计算结果。

合并积木可以将两个字符串合并显示，如图 24-8 所示。积木中两个椭圆框内可以直接输入文字，或者是其他椭圆形积木。

合并积木中的内容是最终表达出来的结果。使用合并积木修改图 24-7 中的最后一条说指令，如图 24-9 所示。拖曳一块合并积木至编程区，按图 24-9 所示步骤完成编辑，完成后的代码如图 24-10 所示。

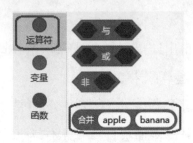

图 24-8　合并积木

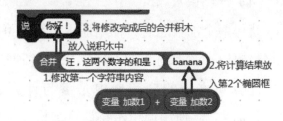

图 24-9　编辑合并积木

图 24-10　使用合并积木

2．调试和完善

程序编写完成需要运行程序，根据运行结果做适当的修改和完善。单击"运行"按钮，观察运行结果。可以看到小狗点点会打招呼，输入第一个加数和第二个加数之后，它就会给出计算结果。这样的程序已经实现了任务的要求，在此基础上还可以更加完善。

（1）将加数清零。

程序运行一次结束后，再次运行时，上一次输入的加数仍然存在，没有被清零。使用设置变量的值为 0，在输入加数之前将所有变量内的数据设置为 0。

（2）增加趣味性。

通过增加声音播放和造型的变化，让程序运行时更加有趣。为程序增加播放声音"汪"和造型变化的功能。

经过以上修改，完整的代码如图 24-11 所示。

图 24-11　完善后的程序

任务 24.2　三角形的周长

三角形有 3 条边，它的周长就是 3 条边长度之和。本任务以计算三角形的周长为主题，学习用程序实现 3 个加数的加法，并判断是否能够组成三角形。

1. 获取边长数据

设置背景和角色让舞台效果更生动，作品更加美观、有趣。按照任务 24.1 的方法，通过设置变量和设置变量的值获取边长数据。

（1）设置背景和角色。

自由设定背景和角色，如打造一个机器人在室内计算三角形周长的舞台效果，选择一个室内场景，如图片 Room2，使用 Mind+ 为本次任务的角色，参考图 24-12。

（2）获取数据。

在任务 24.1 中学习了两个加数的计算，包括建立变量和编写程序。三角形的周长是 3 条边长度之和，因此本次任务需要新建 3 个变量，分别为"边长 a""边长 b""边长 c"。

询问并存储数据的方法和任务 24.1 类似，按照任务 24.1 中的相关内容编写此部分控制程序，如图 24-13 所示。

图 24-12　计算三角形周长的舞台效果

图 24-13　获取 3 条边长

2. 判断能否围成三角形

3 条线段首尾相连可以围成一个三角形，但不是随意三条线段都能围成一个三角形。任意两边之和大于第三边，才能围成一个三角形。

因此，在获取 3 条边长之后，需要判断这 3 条边是否满足围成三角形的条件。如果满足条件，就计算周长，否则不能计算。

（1）使用判断语句。

使用双分支结构实现条件判断，用法在之前的项目中已经讲述过，参照任务 24.1 中的结果显示方法，编写判断语句结构如图 24-14 所示。

图 24-14　三角形判断语句结构

如果条件为真,那么执行:

计算边长

否则:

显示"这三条边不能组成三角形!"

积木中的条件是什么?就是任意两边之和大于第三边,使用编程语言写出表达式:

表达式 1:边长 a+ 边长 b> 边长 c

表达式 2:边长 b+ 边长 c> 边长 a

表达式 3:边长 a+ 边长 c> 边长 b

(2)编辑表达式。

使用"加法"积木和"大于比较"积木,组合成上述表达式,分别拖曳这两块积木至编程区,如图 24-15(a)所示。

① 拖曳两块积木至编程区。

② 将变量放置在积木中的椭圆参数区,如图 24-15(b)所示。

③ 将两块积木组合,如图 24-15(c)所示。

(a) 放置积木　　　　(b) 编辑参数　　　　(c) 组合积木

图 24-15　编辑表达式 1

无论是放置积木,还是组合积木时,操作的方法都是按住鼠标左键拖曳并悬浮于目标积木上方,当对应的位置出现白色高亮边框时松开鼠标。反复操作,直到可熟练进行。

按照以上步骤编辑另外两个表达式,完成后如图 24-16 所示。

图 24-16　表达式 2 和表达式 3

（3）使用"与"积木。

以上 3 个表达式必须同时满足，即同时为真（true），因此，它们的逻辑运算是与运算（and），使用计算符类的"与"积木，如图 24-17 所示。

与、或、非是二进制的 3 种基本逻辑运算，按照运算规则来进行逻辑运算。在逻辑运算中，输入要么就是 0，要么就是 1。因此，A 和 B 都有两种状态，即 0 或 1。以逻辑与运算为例，A 与 B，表达式为真时，用 1 表示；为假时，用 0 表示，运算规则可以总结为同真为真，一假为假。

因此，进行与逻辑运算时，所有表达式为真时，结果才是真，有一个是假，结果就是假。本例中有 3 个表达式进行与运算，将两个与运算积木组合，即可实现 3 个表达式的与运算，如图 24-18 所示。

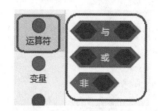

图 24-17　与、或、非积木

图 24-18　与积木组合

（4）完成判断语句代码。

照此思路完成判断语句代码的编写。将 3 个表达式分别放入图 24-18 所示的与积木中，完成条件积木，如图 24-19 所示。

| 变量 边长a + 变量 边长b > 变量 边长c 与 变量 边长b + 变量 边长c > 变量 边长a 与 变量 边长a + 变量 边长c > 变量 边长b |

图 24-19　条件积木

条件积木完成后整体外观较长，可以单击编辑区右侧的缩小图标，缩小显示以便观察到全貌。

将条件积木整体拖曳至判断语句中的六边形条件框内，程序参考图 24-20。

3．测试

单击"运行"按钮，测试程序，注意，两种情况都需要测试。

单击"运行"按钮，根据提示，依次输入边长：10，15，20，机器人计算出这个三角形的周长是 45，如图 24-21 所示。

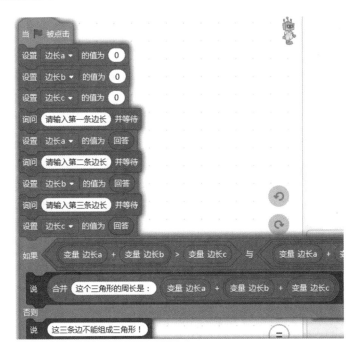

图 24-20 计算三角形周长的程序

单击"运行"按钮，根据提示依次输入边长：39、7、12，机器人说"这三条边不能组成三角形！"，如图 24-22 所示。

图 24-21 计算三角形周长运行结果

图 24-22 不能组成三角形时运行结果

 ## 任务 24.3 扩展阅读：二进制的逻辑运算

二进制数的逻辑运算有 4 种："或"运算 OR、"与"运算 AND、"非"运算 NOT、"异或"运算 XOR。

其中，"或"运算又称为逻辑加法，"与"运算又称为逻辑乘法，"非"运算又称为逻辑否定，"异或"运算又称为逻辑半加法。二进制数 1 和 0 在逻辑上可以代表"真"与"假"、"是"与"否"、"有"与"无"。

二进制数的逻辑运算和算术运算是截然不同的，二进制数的逻辑运算是位对位的运算，本位运算结果不会对其他位产生任何影响，即不会出现算术运算中的进位或者借位。

1. "或"运算

通常用符号 +、∨、| 来表示。

运算规则如下：

```
0+0=0  , 0+1=1  , 1+0=1  , 1+1=1
0 ∨ 0=0, 0 ∨ 1=1, 1 ∨ 0=1, 1 ∨ 1=1
0|0=0  , 0|1=1  , 1|0=1  , 1|1=1
```

从运算规则可以发现，"或"运算表示两者只要有一个 1，其逻辑或的结果就为 1。简单总结为遇 1 得 1，类似于并联电路。

例如：求 53|7 的值。

```
  00110101
| 00000111
  --------
  00110111
```

2. "与"运算

通常用符号 ×、∧、·、& 来表示。

运算规则如下：

```
0 × 0=0 , 0 × 1=0 , 1 × 0=0 , 1 × 1=1
0 ∧ 0=0, 0 ∧ 1=0, 1 ∧ 0=0, 1 ∧ 1=1
0 · 0=0 , 0 · 1=0 , 1 · 0=0 , 1 · 1=1
0&0=0  , 0&1=0  , 1&0=0  , 1&1=1
```

表示只有当两者同时为 1 时，其逻辑与的结果才能等于 1。简单总结为遇 0 得 0，类似于串联电路。

例如：求 53&7 的值。

```
  00110101
& 00000111
  ────────
  00000101
```

③ ."非"运算

通常用符号 ~、! 或者在数字上方加一横线来表示。

运算规则如下：

```
~0=1, ~1=0
!0=1, !1=0
0̄=1 , 1̄=0
```

例如：求 ~53 的值。

```
~00110101=11001010
```

简单总结为"取反"，即非开即关，非关即开。

④ ."异或"运算

通常用符号 ^、⊕来表示。

运算规则如下：

```
0 ⊕ 0=0, 0 ⊕ 1=1, 1 ⊕ 0=1, 1 ⊕ 1=0
0^0=0 , 0^1=1 , 1^0=1 , 1^1=0
```

表示只有当两者不相同时，结果才为 1，两者相同时结果为 0。简单总结为异 1 同 0，直观意思即判断"是不是不一样"。

例如：求 53^7 的值。

```
    00110101
^   00000111
    00110010
```

任务 24.4　总结与评价

先分组进行总结，分别说出制作过程及体会，并写书面总结。再互相检查制作结果，集体给每一位同学打分。

①. 任务完成大调查

完成项目后在如表 14-1 所示打分表中打√。

②. 行为考核指标

行为考核指标，主要采用批评与自我批评、自育与互育相结合的方法。采用自我考核和小组考核后班级评定的方法。班级每周进行一次民主生活会，就行为指标进行评议，可用如表 14-2 所示评分表进行评价。

③. 集体讨论

描述任务中判断三角形是否成立的逻辑，讨论用相似的逻辑判断直角三角形的方法。

④. 思考和练习

一个三角形有 3 条边，$a \geq b \geq c > 0$，编写判断一个三角形是否锐角三角形的程序。

项目 25 乘 除 法

　　当相同加数超过 3 个时，用加法计算比较烦琐，使用乘法计算则比较简单。从哲学角度解析，乘法是加法的量变导致的质变结果。

　　除法是乘法的逆运算，是用两个因数的积和一个因数去求另一个因数的运算。在财务管理中，除法可用于计算投资回报率，以确定有效的财务策略；在工程领域，除法用于计算建筑物的尺寸；在生活中，计算物品单价、平均数时也会用到除法。

　　本项目学习制作乘法出题器和用除法求平均数，巩固"运算符模块加、合并""变量模块""外观模块""询问指令""如果……那么执行……否则"等，学习"运算符模块的乘除"。通过比较，了解平均数在数据统计中的本质和意义。

任务 25.1　乘法出题器

×是乘号，乘号前面和后面的数叫作因数，＝是等号，等号后面的数叫作积。本次编程任务要求：用 1~100 的两个数相乘，角色随机出题，用户输入计算结果，角色判断计算结果。

① . 让角色出题

编写代码之前，自由设置背景和角色，参考图 25-1，设置了一名学生在学校门前的舞台场景。

通过编写程序，让舞台上的角色打招呼，出乘法计算题，并判断正误。

图 25-1　乘法计算的舞台

接下来，按照任务要求，获取乘法计算的因数，并"说出"乘法算式，算式的两个因数都是 100 以内的数字。此部分需要完成：新建变量、设置变量来源和询问。

（1）新建变量。

本任务的变量有两个，即因数 1 和因数 2。按照之前的方法操作，此处不再详细说明。完成后，舞台上将出现两个变量的显示框。

（2）设置变量来源。

变量的值可以来自键盘输入，也可以使用指令随机生成，本次任务要求是随机生成。在《哨子旅行》和《弹弹球》中都使用过取随机数积木，此处不再详细说明。

（3）询问。

询问的内容就是角色所出的题目，算式的格式按照"因数 1* 因数 2="来设置。使用合并积木编辑题目格式，1 个合并指令有 2 个参数，题目格式中有 4 个参数，所以需要使用 3 个合并积木，如图 25-2 所示。

图 25-2　编辑算式格式

使用询问积木，并将编辑完成的内容，如图 25-2 所示的积木，拖曳到询问积木中。

完成以上 3 个步骤，就完成了出题部分的代码编写，代码参考图 25-3。

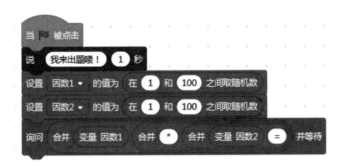

图 25-3　出题的代码

2. 判断正误

题目显示出来，用户经过计算，在舞台下方的输入框内输入计算结果，这个计算结果被暂时存放在"回答"中。因此，判断乘积与"回答"是否相等，就可以判断计算结果是正确或错误。

```
如果 < 因数 1* 因数 2= 回答 >
    说 "right，太棒了！"
否则
```

说"算错了，再来一次吧！"

按上面的逻辑判断编写程序，代码参考图 25-4。"说指令"中的内容可以修改，不必完全一致，能指出正确或错误即可。

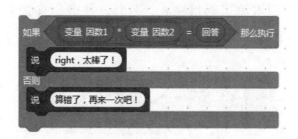

图 25-4　判断的代码

3. 测试和改进

将以上两端代码连接起来，就是完整的乘法计算程序了。单击"运行"按钮，观察运行结果。程序测试需要将所有可能的情况都测试一次，根据测试结果修正程序或进行改进。

（1）测试。

角色打完招呼之后，随机出了一个 100 以内的乘法算式，输入正确的计算结果，可以看到角色说"right，太棒了！"

再次运行程序，当角色出完题目之后，输入一个错误的计算结果，可以看到角色说"算错了，再来一次吧！"

这样，就完成了本程序的测试。

（2）改进。

程序测试没有问题，完成了任务的要求。但是发现在整个运行过程中，角色始终是一个姿势，没有任何动作变化。

经查看，本任务选择的角色共有 4 个造型，可以进行造型的变化。

为角色增加造型的变化，让场景仿佛在和好朋友一起玩数学乘法计算。算对了，好朋友非常高兴；算错了，好朋友会鼓励你再来一次。代码参考图 25-5。

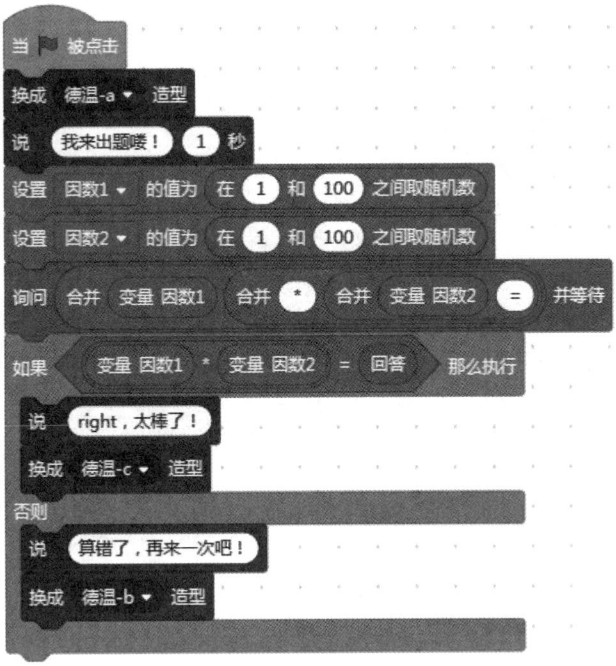

图 25-5　改进后的乘法计算程序

任务 25.2　求 平 均 数

平均数是统计学中的一个重要概念，用于反映现象总体的一般水平，在日常生活中经常用到，如平均寿命、平均身高、平均工资、平均成绩等。平均数是统计中的一个重要概念，是一组数据的和除以这组数据的个数所得的商，以直观、简明的特点看出组与组之间的差别。

明明和兰兰进行了 5 场足球射门比赛，明明的得分是 7、9、11、8、10，兰兰的得分是 10、7、8、11、5，谁的平均成绩更好。本次任务使用"求和平均"法计算平均数，学习用编程实现计算平均数。

①. 舞台背景和角色

设置一个足球场的舞台背景，需要选择的角色有两个人物角色（明明和兰兰）、足球角色、哨子角色（裁判员），设置角色造型、大小和方向，使其与舞台背景协调。完成后舞台效果如图 25-6 所示。

图 25-6 平均数计算的舞台

虽然选择了 4 个角色，需要编程的只有"裁判员"角色。其他角色的作用主要是让舞台更加形象生动，创造一个舞台情境。

2. 编程

每场得分和平均分计算由裁判员完成，因此，在角色列表单击"裁判员"角色，开始编写程序。

根据人物要求，需设置 5 个变量，用于记录每场比赛得分，变量名为第 1 场、第 2 场、第 3 场、第 4 场和第 5 场。

程序的初始化对 5 个变量赋初始值 0，接着逐个询问每场得分，并存储在相应变量内，最后计算并说出平均分。

（1）运算指令。

根据平均数的计算方法，编写代码时需使用加和除两种运算符。在运算符类中找到除法积木，如图 25-7 所示。积木中的 / 表示除号，除号前面的参数是被除数，后面的参数是除数。按照平均数的计算方法，本任务中被除数是 5 个变量的和，除数是变量的个数，即 5。

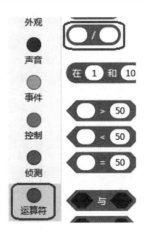

图 25-7 除法积木

（2）编辑表达式。

使用 4 个加法积木嵌套，编辑被除数的表达式，将变量依次放入各参数框内，如图 25-8 所示。

(a)   (b)

图 25-8 编辑被除数表达式

拖曳 1 个除法积木至编程区，将图 25-8（b）中的表达式拖曳至被除数参数框，除数框内填写数字 5，就完成了平均分计算式，如图 25-9 所示。

图 25-9 编辑除法表达式

（3）分步骤编写代码。

按照一定的逻辑编写代码，首先对每一场得分清零，通过询问获取每一场得分，并存储在对应变量中，通过编辑平均分计算公式完成计算，使用说指令输出。各部分完整代码如图 25-10 所示。

③. 测试

单击"运行"按钮，根据提示输入明明的每场得分，计算出明明的平均

(a) 变量初始化   (b) 获取数据

(c) 计算和显示

图 25-10　平均分计算程序

分是 9 分。再次单击"运行"按钮，输入兰兰的每场得分，计算出兰兰的平均分是 8.2 分。很明显，明明的平均分比兰兰高了 0.8 分。

任务 25.3　扩展阅读：平均数真的平均吗

1. 平均数能反映出大多数情况吗

平均数非常明显的优点之一是能够利用所有数据的特征，而且比较好算。另外，在数学上，平均数是使误差平方和达到最小的统计量，也就是说利用平均数代表数据，可以使二次损失最小。

因此，平均数在数学中是一个常用的统计量。但是平均数也有不足之处，正是因为它利用了所有数据的信息，平均数容易受极端数据的影响。

例如，有这样一组数据：3、3、3、3、90，如果要计算这一组数据的平均数，是（3+3+3+3+90）/5=20.4。很显然，平均数 20.4 不能表示这组数据的大多数情况。

类似的数据延伸到生活中，更能体现平均数在统计时的缺陷。例如，一家新创立的公司有 5 人，其中 1 人是老板，月工资是 60000 元，其他 4 人是员工，月工资 5000 元。那么，这家公司的月平均工资是 16000 元。这个平均数据能表示这家公司的月平均工资吗？显然是没有参考价值的。真正有参考价值的是员工的月工资为 5000 元，这个数据就是众数。

众数（mode）是指在统计分布上具有明显集中趋势点的数值，代表数据的一般水平。也是一组数据中出现次数最多的数值，有时众数在一组数中有好几个。

2. 平均数是一组数据最中间的数吗

平均数并不是一组数据的中间值。在统计学中，用来表示一组数据中间值的数叫作中位数。将一组数据按一定的顺序排列，从大到小或从小到大，处于最中间的那个数就是中位数。如果这组数据有奇数个，它的中间数就只有 1 个，就是中位数；如果这组数据有偶数个，它的中间数有 2 个，这 2 个数的平均数就是其中位数。

平均数只能反映数据的平均值，却不能反映数据的分布规律。只有众数和中位数，才能更加准确地反映数据的分布规律。对于数据的了解，只看平均数，是远远不够的，只有进一步了解众数和中位数，才能对数据有更加直观准确的认识。

任务 25.4　总结与评价

先分组进行总结，分别说出制作过程及体会，写出书面总结。再互相检查制作结果，集体给每一位同学打分。

1. 任务完成大调查

完成项目后在如表 14-1 所示打分表中打√。

2. 行为考核指标

行为考核指标，主要采用批评与自我批评、自育与互育相结合的方法。采用自我考核和小组考核后班级评定的方法。班级每周进行一次民主生活会，就行为指标进行评议，可用如表 14-2 所示评分表进行评价。

3. 集体讨论

平均数在生活中有着很广泛的应用，联系实际生活讨论平均数在生活中的应用。

4. 思考与练习

乘法计算器中两个乘数都是 100 以内的数，怎样改变乘数取值范围？自己试一试。

项目 26 计算面积

面积计算是乘法运算的应用之一，不同形状的面积虽然计算方法不同，但又是有联系的，如长方形面积是长 × 宽，三角形面积是 $\frac{1}{2}$ × 底 × 高，也就是长方形面积的一半。

本项目学习长方形面积的计算方法，通过编程实现自动计算，使用画笔功能画出规定的图形，从而巩固画笔功能模块、变量模块、移动积木等，绘制图形与数字计算结合，实现数形统一。

任务 26.1 计算长方形面积

近似长方形的物品在生活中非常常见，如黑板、课桌面、窗户、操场等。长方形面积的计算方法是长 × 宽。

使用画笔角色，当角色询问长和宽，分别输入数值后，画笔就会画出相应的图形，并给出面积计算结果。

1. 编程前的准备

为角色编写控制代码之前，根据前面所学内容选择背景和角色，新建所需变量。

（1）设置背景。

因为需要画图，所以选择较为简洁的背景，或者使用白板。

（2）设置角色。

本次任务的角色是"画笔"，按照之前学习的方法，从角色库中添加"铅笔"角色，在造型界面将铅笔笔尖拖曳到造型中心点。

（3）新增功能。

添加画笔功能模块，新建两个变量，分别命名为"长"和"宽"。

完成以上设置，舞台画面参考图 26-1。

图 26-1 面积计算舞台设置

2. 编写控制代码

这是一支神奇的铅笔，不仅会按照规定的尺寸画出图形，还可以计算这个图形的面积。

铅笔从哪里开始画图？抬笔时，"画纸"上是空白干净的，设置好铅笔的颜色和粗细，随后就可以落笔了。

长和宽是多少？通过询问，新建的两个变量用来分别记录长和宽的数值。

使用画笔模块，按照设定的参数画出长方形。长方形面积计算公式：面积 = 长 × 宽。使用乘法积木计算面积，使用说积木输出结果。

按照上面的逻辑顺序编写控制代码，实现这样的功能，整理出简要的逻辑流程如图 26-2 所示。

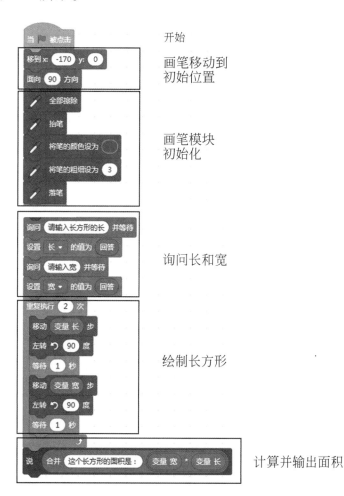

图 26-2　绘制长方形并计算面积的程序

开始→画笔移动到初始位置→画笔模块初始化→ 询问长和宽→绘制长方形→计算并输出面积。

以上每一个流程涉及的模块和积木都是之前学习过的，尝试按流程逐段编写出完整控制代码。

3．测试

编写完成的代码需要测试，以便观察是否达到预设的效果。单击"运行"按钮，观察运行结果。

可以看到，画笔角色首先询问"请输入长方形的长"，输入长的数值后，继续询问"请输入宽"，输入宽的数值后，画笔开始画出这个长方形，完成后计算面积，并输出"这个长方形的面积是："，如图 26-3 所示。

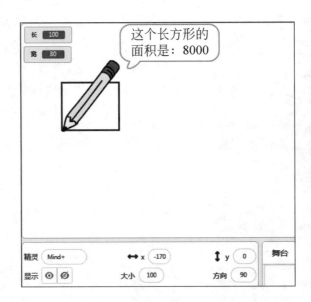

图 26-3 长方形面积输出结果

增加名为"面积"的变量，使用该变量保存面积计算结果，并输出计算结果。

画笔角色绘制完成后，停留在最后结束的位置，遮挡了画出的长方形，修改程序将画笔自动移动到舞台空白处。

在初始化代码中，增加变量长和变量宽清零功能。

任务 26.2　扩展阅读：编程的方法和技巧

当你满怀激情而不是被迫完成一件事情的时候，才能把它完成得更好，编程就是这样一件事情。

刚开始编程时，通过自学编程教材、观看网络视频、与同学交流等，很多方法可以帮助你掌握最基础的语法和逻辑。做了很多项目之后，你认为自己真的会写代码吗？关于编程，你有什么经验与别人分享？下面介绍编程的几种方法和技巧。

1．构建思维模式

不要在没有任何设计的情况下开始编程，就像盖房子需要先设计好房间格局一样，如果不充分考虑每个房间的用途，以后会不停拆了重新盖。

构建思维模式，设计整体代码的结构，简单地说就是在动手之前就想好该怎么做。

2．了解要求

看到任务要求，可能会有一些疑问，如理解上的偏差或者功能上的不足，这时候可与老师或同学充分交流，进一步明确任务要求。

完成任务时，如果有了新的要求，就需要不断调整和优化，修改程序是再正常不过的事情，不要有觉得麻烦的心态。

3．简洁明了

字如其人，代码也反映了编写者是什么样的人。好的代码应该像一首好诗一样，简洁明了、行文流畅。当然，没有能力和良好习惯的支持，这是不可能做到的。

4．多练习

多练习是提高编程效率的关键。通过不断练习，可以更快地编写代码，更好地组织代码，更快地解决问题，提高自己的编程技能和水平。

通过尽可能多的练习，把学到的东西整合起来。编程学习是一个日积月累的过程，只有一步一步向前，才能打下良好的基础，对未来编程水平的提升提供助益。

5. 正视错误

刚开始编写代码的时候会出现很多错误，这很正常。发现错误意味着可以通过修改获得更多的进步。

6. 做到尽善尽美

写完代码并不意味着已经完成了整个学习。绝不可以写完就扔，正确的做法是多测试几遍，一定要保证质量。也就是说，写一段代码并不意味着事情已经完成，更重要的是尽可能完美地完成一件事情，做到尽善尽美。

7. 不断学习

编程的学习是无穷无尽的，在这个领域，技术更新速度非常快。许多发展方式和编程语言都被宣布过时，只有不断学习、吸收新知识和更新知识储备，自己的技能才不会过时。

 ## 任务 26.3　总结与评价

先分组进行总结，分别说出制作过程及体会，写出书面总结。再互相检查制作结果，集体给每一位同学打分。

1. 任务完成大调查

完成项目后在如表 14-1 所示打分表中打√。

2. 行为考核指标

行为考核指标，主要采用批评与自我批评、自育与互育相结合的方法。

采用自我考核和小组考核后班级评定的方法。班级每周进行一次民主生活会，就行为指标进行评议，可用如表 14-2 所示评分表进行评价。

③. 集体讨论

和同学交流自己的编程技巧和体会，结合任务说说自己是如何用编程思维解决问题的。

④. 思考与练习

仿照长方形面积的逻辑流程，编写绘制三角形和计算其面积的流程图，编写完整程序。

项目 27 奇 偶 数

　　整数可以分为奇数和偶数两大类，能被 2 整除的数叫作偶数，不能被 2 整除的数叫作奇数。其中，最小的偶数是 0，最小的奇数是 1。

　　通过编程判断奇偶数，学习新的积木块"某数除以某数的余数"，学习编辑条件表达式，继续巩固询问积木、循环执行积木、如果……那么执行……否则等积木。

任务 27.1　奇偶数判定器

　　奇偶数的判断方法就是用这个数除以 2，如果能整除，即余数为 0，那么这个数是偶数，否则就是奇数。

　　单击小绿旗，询问数值，输入一个正整数，确认之后角色判断是奇数还是偶数，并显示"这个数是奇数 / 偶数。"2 秒后继续询问。

　　按照之前的方法设置舞台，自由选择舞台背景和角色。例如，可以选择 chalkboard 图片为背景，选择默认的 Mind+ 为角色，如图 27-1 所示。

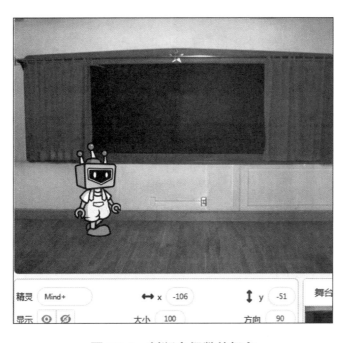

图 27-1　判断奇偶数的舞台

①. 编写代码

　　确定了舞台和角色之后，就可以为角色编写控制代码了。在动手编写代码之前，需要分析任务要求。

　　简单地说，本次任务中角色的动作包括询问、判断并输出。下面逐个编写代码，实现这些动作。

（1）询问。

询问的目的是在舞台上提供一个弹窗，指引用户输入符合要求的数值。使用一块询问积木就可以实现，询问的文字可以自由设定，只要能满足任务要求即可，如"请输入一个正整数。"，如图 27-2 所示。

图 27-2　询问指令

（2）判断和输出。

输入数值并确认，数值会暂时存放在"回答"变量中。接下来就需要判断和输出结果，如果能被 2 整除，就是偶数，否则就是奇数。

很明显，这里的控制积木应当使用"如果……那么执行……否则……"，输出语句使用"说"积木，如图 27-3 所示。

积木中的判断条件是什么？就是将一个整数除以 2，如果余数为 0，这个数是偶数，否则这个数是奇数。

根据奇偶数判断条件，如果余数是 0，说"这个数是偶数"，否则说"这个数是奇数"，按下面的格式编写判断表达式：** 除以 2=0。

在计算机语言中，这种算法被称为"取余计算"。Mind+ 中有类似功能的积木，如图 27-4 所示。

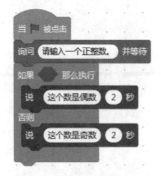

图 27-3　判断和输出语句

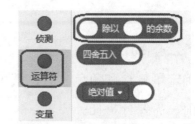

图 27-4　"取余"积木

进入运算符类积木列表，拖曳"取余"积木至代码区空白处，再拖曳等于积木至代码区空白处。编辑参数，并将两块积木组合，即可得到完整的条件表达式，如图 27-5 所示。

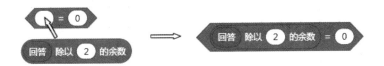

图 27-5　编辑条件表达式

将完整的条件表达式拖曳至程序，如图 27-6 所示，就完成了最简单的奇偶数判断程序。

测试程序，输入数值，发现程序可以自动判断奇偶数，但是运行一次就停止。如果想要循环进行奇偶数判断，还需要为代码增加循环结构，如图 27-7 所示。

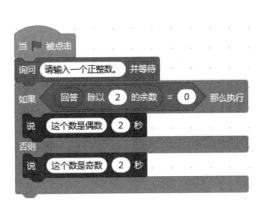

图 27-6　单次运行完整代码

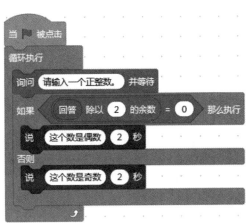

图 27-7　循环执行代码

测试程序，可以看到机器人角色不仅可以自动判断奇偶数，而且可以循环，直到单击"停止"按钮结束程序。

2. 调试

程序具备了基本的判断功能，在此基础上增加一些功能，进一步完善程序，同时也可以增加趣味性。

（1）显示图片。

当判断结果是偶数的时候，说"这个数是偶数"，同时显示苹果图案。

当判断结果是奇数时，说"这个数是奇数"，同时显示香蕉图案。

从角色库中分别添加"苹果"和"香蕉"两个角色，按照之前的方法，修改"苹果"角色造型，使其显示为"两个苹果"的造型。完成后的角色列表区如图 27-8 所示。

使用广播功能控制角色的显示和隐藏，需要在显示输出部分增加广播功能，Mind+ 角色的代码如图 27-9 所示。

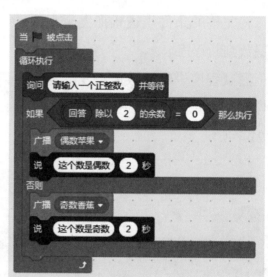

图 27-8　新增角色

图 27-9　增加广播功能

苹果和香蕉的控制程序非常简单，当接收到广播信息时就显示 2 秒后隐藏，与"说"积木显示保持同步，如图 27-10 所示。

(a) 接收到"偶数苹果"信息　　　　(b) 接收到"奇数香蕉"信息

图 27-10　接收广播信息

单击"运行"按钮，观察运行结果。可以看到，程序询问输入数值，在弹窗输入 5689，确认后，程序自动判断，显示"这个数是奇数"，同时显示"香蕉"图片，2 秒后停止显示，继续询问。

输入其他数值继续测试程序，观察运行结果。

（2）准确表达。

"这个数是偶数"不够准确。如当判断 69 是奇数时，应说"69 是奇数"。每次输入的数值不同，是变化的，要在输出中显示这个数值需要使用变量。按照之前的方法，新建一个名为"数字"的变量。

程序中需要对该变量初始化（赋 0），设置新值，显示在输出语句中，完成以上 3 部分的修改，就能实现准确表达的要求了。

在如图 27-9 所示代码的基础上，独立思考并完成代码修改，代码参考图 27-11。

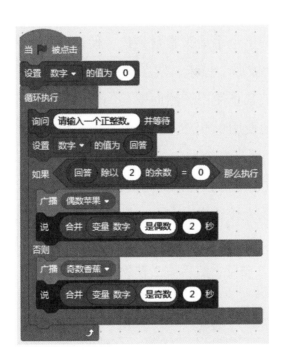

图 27-11　"准确表达"的代码

单击"运行"按钮，观察运行结果。可以看到，输入数值 88 并确认，程序自动判断并显示"88 是偶数"，并显示"苹果"图片。输入数值 969 并确认，程序显示"969 是奇数"，并显示"香蕉"图片。

输入其他数值继续测试程序，观察运行结果。

任务 27.2 扩展阅读：奇偶数的趣味小故事

1. 0 的故事

罗马数字是用几个表示数的符号，按照一定规则，把它们组合起来表示不同的数目。在这种数字的运用里，不需要 0 这个数字。

当时，罗马帝国有一位学者从印度记数法里发现了 0 这个符号。他发现，有了 0，进行数学运算方便极了，还把印度人使用 0 的方法向大家作了介绍。这件事被当时的罗马教皇知道了。教皇非常恼怒，他斥责说，神圣的数是上帝创造的，在上帝创造的数里没有 0 这个怪物，于是下令，把这位学者抓了起来，用夹子把他的十个手指头紧紧夹住，使他两手残废，让他再也不能握笔写字。就这样，0 被那个愚昧、残忍的罗马教皇明令禁止了。

但是，虽然 0 被禁止使用，然而罗马的数学家们还是不管禁令，在数学的研究中仍然秘密地使用 0，仍然用 0 做出了很多数学上的贡献。在数学领域，0 不是什么都没有，而是一个抽象的数学概念。

那么，0 是偶数还是奇数呢？因为对偶数的定义是能不能被数字 2 整除，0 除以 2 得到 0，事实上按这样看它是"最偶的偶数"。在古代认为事物是单偶数或双偶数，因此，12 是一个双偶数，可以被 2 整除，然后再被 2 整除，从这个角度看，0 可以被 2 整除，然后被 2 整除，再被 2 整除，它是"偶数之极品"。

2. 一个故事激发的数学家

陈景润是一位家喻户晓的数学家，在攻克哥德巴赫猜想方面做出了重大贡献，创立了著名的"陈氏定理"，被许多人亲切地称为"数学王子"。但有谁会想到，他的成就源于一个故事。一天，沈元老师在数学课上给大家讲了一故事："200 年前有个法国人发现了一个有趣的现象：6=3+3，8=5+3，10=5+5，12=5+7，28=5+23，100=11+89。每个大于 4 的偶数都可以表示为两个奇数之和。因为这个结论没有得到证明，所以还是一个猜想。大数学家欧拉说过："虽然我不能证明它，但是我确信这个结论是正确的。它像一个美丽的光环，在我们不远的前方闪耀着炫目的光辉……"

陈景润瞪大眼睛，听得入神。从此，陈景润对这个奇妙问题产生了浓厚的兴趣。课余时间他最爱到图书馆，在那里阅读各种相关书籍，因此获得了"书呆子"的雅号。

兴趣是第一老师。正是这样的数学故事，激发了陈景润的求知兴趣，激励着他勤奋探索，从而成为了一位伟大的数学家。

 ## 任务 27.3　总结与评价

先分组进行总结，分别说出制作过程及体会，写出书面总结。再互相检查制作结果，集体给每一位同学打分。

1. 任务完成大调查

完成项目后在如表 14-1 所示打分表中打√。

2. 行为考核指标

行为考核指标，主要采用批评与自我批评、自育与互育相结合的方法。采用自我考核和小组考核后班级评定的方法。班级每周进行一次民主生活会，就行为指标进行评议，可用如表 14-2 所示评分表进行评价。

3. 集体讨论

说说任务中判断奇数和偶数的条件是什么，表达式是如何编辑的。

4. 思考与练习

（1）除了任务 27.1 中的两种方法，还可以怎样修改程序，让程序运行时更加好玩有趣。

（2）更换背景和角色，制作一个奇偶数判断器。